施工安全风险管理技术
（第 2 版）

何 光／著

人民交通出版社

北京

内 容 提 要

本书立足安全生产管理实际,从管理理论、方法和措施三个层面,阐述了安全生产风险管理中事故、致因、隐患、管理、策划、预案、预控、预警、检查、责任和展望十一个关键问题。在编写结构上分为三个单元:第一单元是安全生产的基本概念,即事故、致因、隐患三篇;第二单元是以管理的基本理论为开篇,重点介绍安全风险管理的关键环节及其核心技术,即管理、策划、预案、预控、预警、检查六篇;第三单元是对强化安全技术管理、深化安全风险管理工作的几点思考,即责任、展望两篇。

本书体裁新颖、风格独特,具有较强的可读性和实用性,可供公路、水运、建筑和水利工程建设、监理、施工单位的安全管理人员使用,也可供高等院校相关专业师生学习参考。

图书在版编目(CIP)数据

施工安全风险管理技术 / 何光著. — 2 版. — 北京 :
人民交通出版社股份有限公司, 2025.6. — ISBN 978-7-
114-20442-5

Ⅰ. TU714

中国国家版本馆 CIP 数据核字第 2025MB7910 号

Shigong Anquan Fengxian Guanli Jishu

书　　名:施工安全风险管理技术(第2版)
著 作 者:何　光
责任编辑:刘永超　　侯蓓蓓
责任校对:赵媛媛　武　琳
责任印制:张　凯
出版发行:人民交通出版社
地　　址:(100011)北京市朝阳区安定门外外馆斜街 3 号
网　　址:http://www.ccpcl.com.cn
销售电话:(010)85285857
总 经 销:人民交通出版社发行部
经　　销:各地新华书店
印　　刷:北京市密东印刷有限公司
开　　本:720×980　1/16
印　　张:18.5
字　　数:332 千
版　　次:2016 年 2 月　第 1 版
　　　　　2025 年 6 月　第 2 版
印　　次:2025 年 6 月　第 2 版　第 2 次印刷　总计第 7 次印刷
书　　号:ISBN 978-7-114-20442-5
定　　价:80.00 元

第2版自序

当我轻轻放下手中的笔,完成《施工安全风险管理技术》最后一遍修改时,心中五味杂陈,感慨万千。十五年前,根据组织安排,我踏入了交通建设工程质量与安全生产管理领域。那时候施工现场的人们安全意识远不及现在,简陋的防护设施、粗放的管理模式,安全事故易发多发,每一起事故都像是一记重锤,敲打着我的内心。我从最基础的安全检查做起,逐步积累经验,深入研究各类安全风险的特性与应对方法,后来在人民交通出版社孙玺主任的鼓励下,出版了独著《施工安全风险管理技术》一书。该书2016年一面世,大家就对书的专业内容、写作风格和书籍装帧表示赞赏。这本书当年就连续印刷了5次、发行量突破一万册,这在正式出版的专业技术类书籍中是少见的。2023年底,人民交通出版社公路出版中心刘永超主任提议,希望我根据行业新形势新要求,对《施工安全风险管理技术》进行修订再版。我深知,再版不是简单的重复,而是要融入新理念、新技术和新知识,同时还要投入大量的时间和精力,这意味着我将牺牲退休后修身养性的一些闲暇时光。但是我还是欣然接受了这个任务。因为退休两年多来,我有幸接触了一群朝气蓬勃的年轻人,他们中有教授、研究员、工程师,也有机关职员、工程一线的班组长,虽然专业不一样、岗位不一样,但是他们都有一样的工作激情与执着,为了推动行业进步、为了企业发展,几乎是废寝忘食地工作着。他们的敬业精神无时不在感动着我、教育着我、激励着我,又点燃了我心中的热情。我们这些20世纪60年代出生的人,职业生涯与我国改革开放40多年来的时间基本上是吻合的,人生伴随着国运一起升华,是改革开放的实践者、见证者和受益者,我们要感恩伟大的祖国、火红的年代。如今,我们这一代人虽然已经步入老年,但我始终认为,老年应该只是一个年龄符号,而不应成为一种心态。能够在力所能及的范围内,为社会做些有益的事情,既是一种荣幸,也是一种责任。

本次修订继续沿用了第一版的装帧设计、写作风格。在内容上根据党和国家的新要求、行业发展的新技术、工程实践中的新经验，对安全管理的理念、规定以及新技术的应用等进行了重新梳理、完善与修改。一年多的修订工作中，安徽省交通建设工程质量安全管理服务中心严摇铃处长、交通运输部公路科学研究院陈磊博士、安徽交通建设股份有限公司常务副总经理储根法、安徽省新同济工程咨询集团有限公司副总经理龚伟等同志，在内容完善、工程验证和案例补充等方面给予了倾力支持与帮助。人民交通出版社孙玺主任、刘永超主任、侯蓓蓓编辑为本书的出版给予了全过程指导。在此向他们表示衷心感谢！由于本人水平有限，书中一定存在不少问题，欢迎批评指正。愿这本书能够总结和传承广大同仁多年积累的宝贵经验，成为一座连接过去与未来的桥梁。

安全生产管理始于工作职责，深化于把握规律。随着新一代信息技术、先进制造技术、新材料技术等融合应用，生产要素正在创新配置、产业深度正在转型升级，劳动者、劳动资料、劳动对象及其组合正在不断优化与跃升，安全生产管理进入了一个新时代。时代的发展孕育着新技术，新技术的应用助推时代的发展，施工安全风险管理技术也应与时俱进。我们要不断推进传统安全管理技术提升，不断创新安全管理理念和方法。我愿与同仁和朋友们一起，为建设先进、完整、绿色和高效的安全生产风险管理技术体系，实现每一个施工现场都是安全的港湾，每一位施工人员都能平安回家的愿望，作出自己应有的贡献！

2025 年春于北京

第1版自序

　　我从事公路建设与管理工作已有三十多年了。十年前的工程管理工作主要侧重于质量和进度，尽管也会注意到安全生产，但是对安全生产的认识还是远远不够的。近十年来，由于工作岗位的变化，主要是从事工程质量与安全监督管理，本人开始注意对建设工程安全生产管理的学习和研究。

　　随着全面建设小康社会的不断深入，大规模的工程建设在我国还会持续相当长的一段时期。据不完全统计，近几年，全国每天有4000多万人在100多万个工地上作业劳动，还有近千万人在地下巷道里工作。2013年全国共发生各类生产安全事故30.9万起，有6.9万人在各类事故中失去生命，平均每天发生800多起，死亡180多人。由此可见，安全事故始终易发多发、触目惊心！安全生产管理任重道远！党和国家历来高度重视安全生产，不断强化安全生产的"红线"意识和"底线"思维，对安全生产重要性的认识达到空前高度。我国安全生产管理过去偏重于行政管理，在技术管理层面起步较迟，在管理理念上，以人为本、尊重生命的意识较淡；在理论研究上也明显落后于先进国家。实际工作中，在安全生产管理方面的研究，要么是引进国外抽象的理论书籍、要么是工程实际的碎片式经验交流，要么就是宽泛的管理制度规定，而实际管理中迫切需要的那种深入浅出、系统全面的实用性书籍不多。

　　怎样进行安全生产管理？我认为要用技术管理的思维、行政管理的手段加以推动与落实。安全管理是一门技术吗？在工作实际中，也有不少人向我提出这样的问题。在这里我想和大家讨论，什么是技术？有文献定义：技术是人类为了满足自身的需求和愿望，遵循自然规律，在长期利用和改造自然的过程中，形成的改造自然的方法、技能和手段的总和。技术的任务是通过回答"做什么"和"怎么做"的问题，以满足社会生产和生活的实际需要，达到改造自然的目的。对技术的评价首先要看是否可行，能否带来经济和社会效益。而安全生产管理的方法与措施的选用，不是一个简单的决策，它是随着时间、空间、工艺和人的素质不同，运用有效

1

的资源，进行有关建制、教育、评估、防控和检查等活动，实现生产过程中人与机器设备、物料、环境的和谐。可见，安全管理的方法与措施直接影响到安全生产效果，事关社会的稳定和企业的效益。因此，说安全管理是一门技术，一点也不夸大其词。之所以会产生这样的疑问，就是因为长期以来我们对安全生产的管理，习惯于对单起事故的处理，缺少运用大数据的意识系统分析事故的致因与预防措施；习惯于使用行政手段开展安全管理活动，缺少从技术层面探讨安全管理的模式与方法。随着管理科学的不断发展，安全管理作为管理科学的一个重要组成部分，对安全事故致因的探索、安全管理方法的研究也在不断深入，为安全管理技术奠定了理论基础。本书立足安全生产管理需要，从管理理论、方法和措施三个层面，阐述了安全生产管理中事故、致因、隐患、管理、策划、预案、预控、预警、检查、责任和展望十一个关键问题。在编写结构上大体分为三个单元：第一单元是安全生产的基本概念，即事故、致因、隐患三篇；第二单元是以管理的基本理论为开篇，重点介绍安全风险管理的关键环节及其核心技术，即管理、策划、预案、预控、预警、检查六篇；第三单元是对强化安全行政管理，深化安全管理工作的几点想法，即责任、展望两篇。写作中力图系统、简明、通俗、实用。

本书是本人在各地多次讲座中讲稿的整合，是平时在生产实践中学习理论的体会、在安全监管中分析研究的心得，以及在基层调研时对同仁们工作经验的总结。全书以单篇的讲稿为基础，因此书中各篇章的逻辑联系不够严谨，甚至有时为了章节局部的完整性，从全书布局来看，内容可能还有所重复，敬请谅解。

本书在写作过程中得到了交通运输部安全与质量管理监督司桂志敬博士，交通运输部公路科学研究院李伟博士、廖雅杰博士，安徽省安全生产监督管理局张敬东处长，安徽省交通建设工程质量监督局殷治宁、卞国炎和武黎明等同志，安徽省高等级公路工程监理有限公司金松同志的大力指导与帮助。卞国炎、金松和武黎明同志提供了很好的案例。特别是桂志敬博士、人民交通出版社股份有限公司孙玺主任和尤伟编辑在全书的谋篇布局、写作风格等方面提出了许多宝贵意见。在此一并表示衷心感谢！由于本人水平有限，书中难免存在许多不足之处，敬请读者批评和指正。

2015 年 10 月于合肥

目 录

事故是意外事件，它源起于隐患，发生在瞬间。尽管每一起事故都是以一定的时空结构为前提，但是用今天的大数据思维进行统计与分析，事故发生具有规律性，施工安全事故可预可防。

■■■■■ 一、谈事故

在安全生产管理中,对于已经发生的危险,或者说风险的结果已经呈现,并且带来了确定的损失,人们给它定义了一个名词,就是"事故"。事故一般是指造成死亡、疾病、伤害、损坏或者其他损失的意外情况,或者是发生于预期之外的人身伤害或财产(经济)损失的事件。我们平常讲的事故一般指生产事故,也就是在生产经营活动或者与生产经营有关的活动中,突然发生的损坏设备(设施)、危害人身安全和健康或者两者相继发生造成经济损失,导致原作业活动暂时中止或永远终止的意外事件。

1. 生产安全事故分类

事故按其损失的对象,可分为设备事故和人员伤亡事故。

设备事故是指正式投运的设备,在生产过程中由于设备零件、构件等非正常损坏致使生产突然停止,或造成能源供应中断的行为或事件。但是,如果在生产过程中,由于设备的安全保护装置正常运作,造成安全件损坏使生产中断,而未造成其他设备损坏,则不列为设备事故。

人员伤亡事故是指在生产经营过程中,由于生产设备、操作行为以及其他不可预见的原因,发生的伤害人身安全和健康的意外事件。

事故按其后果或伤害的方式,可分为生产安全事故和企业职工伤亡事故2种类型。

1）生产安全事故

2007年4月国务院公布的《生产安全事故报告和调查处理条例》（国务院令第493号）规定,根据生产安全事故（以下简称事故）造成的人员伤亡或者直接经济损失,对事故等级分为一般事故、较大事故、重大事故和特别重大事故4个等级。具体如下:

（1）特别重大事故,是指造成30人以上死亡,或者100人以上重伤（包括急性工业中毒,下同）,或者1亿元以上直接经济损失的事故。

（2）重大事故,是指造成10人以上30人以下死亡,或者50人以上100人以下重伤,或者5000万元以上1亿元以下直接经济损失的事故。

（3）较大事故,是指造成3人以上10人以下死亡,或者10人以上50人以下重伤,或者1000万元以上5000万元以下直接经济损失的事故。

（4）一般事故,是指造成3人以下死亡,或者10人以下重伤,或者1000万元以下直接经济损失的事故。

注意:上述事故等级标准中所称的"以上"包括本数,所称的"以下"不包括本数。在衡量一起事故等级时按照最严重的标准进行划分。

2）企业职工伤亡事故

《企业职工伤亡事故分类》（GB 6441—1986）,将企业工伤事故分为20类,包括:物体打击、车辆伤害、机械伤害、起重伤害、触电、淹溺、灼烫、火灾、高处坠落、坍塌、冒顶片帮、透水、放炮、火药爆炸、瓦斯爆炸、锅炉爆炸、容器爆炸、其他爆炸、中毒和窒息、其他伤害。

当事故同时具备多种事故类型特征或连锁发生时,依次根据引起事故的起因、先发诱导性原因和致害严重程度进行事故类型划分。当起因物和诱导性原因无法判断时,可归为致害程度最严重的事故类型。通过了解安全生产事故的定义、类型与等级的划分,使我们在安全生产的管理实践中获得一些启发,从而明确提高安全生产管理水平、预防安全生产事故的目标与路径。

2. 安全生产管理统计指标

我国安全生产涉及工矿企业(包括商贸流通企业)、道路交通、水上交通、铁路交通、民航飞行、农业机械、渔业船舶等行业。各有关行业主管部门针对本行业特点,制定并实施了各自的事故统计报表制度和统计指标体系来反映本行业的事故情况。指标通常分为绝对指标和相对指标。绝对指标是指反映伤亡事故全面情况的绝对数值,如事故起数、死亡人数、重伤人数、轻伤人数、损失工作日、直接经济损失等。相对指标是指伤亡事故的两个相联系的绝对指标之比,表示事故的比例关系,如千人死亡率、百万工时死亡率、百万吨死亡率等。事故统计指标如图 1-1 所示。

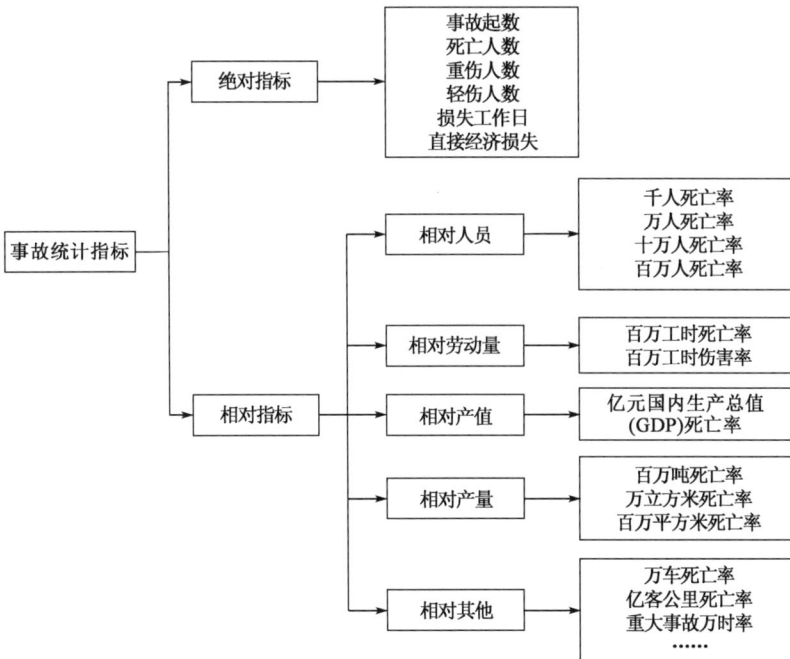

图 1-1　事故统计指标体系

为了综合反映我国生产安全事故情况,国家安全生产监督管理部门结合我国经济发展和行业特点,借鉴国外先进的生产安全事故指标体系和分析方法，提出了适应我国的生产安全事故统计指标体系，分为综合类伤亡事故统计指标体系、工矿企业类伤亡事故统计指标体系、行业类统计指标体系、地区安全评价类统计指标体系4大类。

1）综合类伤亡事故统计指标体系

包括事故起数、死亡事故起数、死亡人数、受伤人数、直接经济损失、重大事故起数、重大事故死亡人数、特大事故起数、特大事故死亡人数、特别重大事故起数、特别重大事故死亡人数、重大事故率、特大事故率。

2）工矿企业类伤亡事故统计指标体系

包括煤矿企业伤亡事故统计指标、金属和非金属矿企业伤亡事故统计指标、工商企业伤亡事故统计指标、建筑业伤亡事故统计指标、危险化学品伤亡事故统计指标、烟花爆竹伤亡事故统计指标。这6类统计指标均包含伤亡事故起数、死亡事故起数、死亡人数、重伤人数、轻伤人数、损失工作日、直接经济损失、重大事故起数、重大事故死亡人数、特大事故起数、特大事故死亡人数、特别重大事故起数、特别重大事故死亡人数、千人死亡率、千人重伤率、百万工时死亡率、重大事故率、特大事故率。此外，煤矿企业伤亡事故统计指标还包含百万吨死亡率。

3）行业类统计指标体系

（1）道路交通事故统计指标

包括事故起数、死亡事故起数、死亡人数、受伤人数、直接财产损失、重大事故起数、重大事故死亡人数、特大事故起数、特大事故死亡人数、特别重大事故起数、特别重大事故死亡人数、万车死亡率、十万人死亡率、生产性事故起数、生产性事故死亡人数、重大事故率、特大事故率。

（2）火灾事故统计指标

包括事故起数、死亡事故起数、死亡人数、受伤人数、直接财产损失、重大事故起数、重大事故死亡人数、特大事故起数、特大事故死亡人数、特别重大事故起数、特别重大事故死亡人数、百万人火灾发生率、百万人火灾死亡率、生产性事故起数、生产性事故死亡人数、重大事故率、特大事故率。

（3）水上交通事故统计指标

包括事故起数、死亡事故起数、死亡和失踪人数、受伤人数、直接经济损失、重大事故起数、重大事故死亡人数、特大事故起数、特大事故死亡人数、特别重大事故起数、特别重大事故死亡人数、沉船艘数、千艘船事故率、亿客公里死亡率、重大事故率、特大事故率。

（4）铁路交通事故统计指标

包括事故起数、死亡事故起数、死亡人数、受伤人数、直接经济损失、重大事故起数、重大事故死亡人数、特大事故起数、特大事故死亡人数、特别重大事故起数、特别重大事故死亡人数、百万机车总走行公里死亡率、重大事故率、特大事故率。

（5）民航飞行事故统计指标

包括飞行事故起数、死亡事故起数、死亡人数、受伤人数、重大事故万时率、亿客公里死亡率。

（6）农机事故统计指标

包括伤亡事故起数、死亡事故起数、死亡人数、重伤人数、轻伤人数、直接经济损失、重大事故起数、重大事故死亡人数、特大事故起数、特大事故死亡人数、特别重大事故起数、特别重大事故死亡人数、重大事故率、特大事故率。

（7）渔业船舶事故统计指标

包括事故起数、死亡事故起数、死亡和失踪人数、受伤人数、直接经济损失、重大事故起数、重大事故死亡人数、特大事故起数、特大事故死亡人数、特别重大事故起数、特别重大事故死亡人数、千艘船事故率、重大事故率、特大事故率。

4）地区安全评价类统计指标体系

包括死亡事故起数、死亡人数、直接经济损失、重大事故起数、重大事故死亡人数、特大事故起数、特大事故死亡人数、特别重大事故起数、特别重大事故死亡人数、亿元国内生产总值（GDP）死亡率、十万人死亡率。

5）常用的事故统计指标

（1）千人死亡率

一定时期内，平均每千名从业人员因伤亡事故造成的死亡人数，即：

$$千人死亡率 = \frac{死亡人数}{从业人员数} \times 10^3$$

（2）千人重伤率

一定时期内，平均每千名从业人员因伤亡事故造成的重伤人数，即：

$$千人重伤率 = \frac{重伤人数}{从业人员数} \times 10^3$$

（3）百万工时死亡率

一定时期内，平均每百万工时因事故造成的死亡人数，即：

$$百万工时死亡率 = \frac{死亡人数}{实际总工时} \times 10^6$$

（4）百万吨死亡率

一定时期内，平均每百万吨产量因事故造成的死亡人数，即：

$$百万吨死亡率 = \frac{死亡人数}{实际产量(t)} \times 10^6$$

（5）重大事故率

一定时期内，重大事故起数占总事故起数的比例，即：

$$重大事故率 = \frac{重大事故起数}{事故总起数} \times 100\%$$

（6）特大事故率

一定时期内，特大事故起数占总事故起数的比例，即：

$$特大事故率 = \frac{特大事故起数}{事故总起数} \times 100\%$$

（7）百万人火灾发生率

一定时期内，某地区平均每百万人口中火灾发生的次数，即：

$$百万人火灾发生率 = \frac{火灾发生次数}{地区总人口数} \times 10^6$$

（8）百万人火灾死亡率

一定时期内，某地区平均每百万人口中因火灾造成的死亡人数，即：

$$百万人火灾死亡率 = \frac{火灾死亡人数}{地区总人口数} \times 10^6$$

（9）万车死亡率

一定时期内，平均每一万辆机动车辆造成的死亡人数，即：

$$万车死亡率 = \frac{机动车造成死亡人数}{机动车数} \times 10^4$$

（10）十万人死亡率

一定时期内，某地区平均每十万人口中因事故造成的死亡人数，即：

$$十万人死亡率 = \frac{死亡人数}{地区总人口数} \times 10^5$$

（11）千艘船事故率

一定时期内，平均每千艘船发生事故的比例，即：

$$千艘船事故率 = \frac{一般以上事故船舶总艘数}{本省（本单位）船舶总艘数} \times 10^3$$

（12）亿元国内生产总值（GDP）死亡率

某时期内，某地区平均每生产亿元国内生产总值造成的死亡人数，即：

$$亿元国内生产总值（GDP）死亡率 = \frac{死亡人数}{国内生产总值（元）} \times 10^8$$

（13）十亿元工程投资死亡率

一定期间内，某地区平均每十亿元工程投资造成的死亡人数，即：

$$十亿元工程投资死亡率 = \frac{死亡人数}{工程建设投资（元）} \times 10^9$$

3. 事故统计与分析

安全生产统计是安全生产管理部门一项重要的基础工作。我们可以借助统计学这个工具,从纷乱复杂的数据中发现安全事故发生的规律,认识安全管理中存在的问题,从而更好地开展预防、加强管理。实事求是地做好安全生产统计工作,按时向上级主管部门报送统计报表,也是统计人员的责任和应该遵守的纪律。

1)统计工作的基本步骤

完整的统计工作一般包括方案设计、收集资料(现场调查)、整理资料、统计分析和主要建议 5 个基本步骤。

(1)方案设计

根据工作要求,制订统计工作计划,对整个统计过程进行总体筹划和阶段安排。

(2)收集资料(现场调查)

根据统计工作计划取得可靠、完整的资料,并注重资料的真实性。收集资料的方法有 3 种:统计报表、日常性工作、专题调查。

(3)整理资料

通过对原始资料的整理、清理、核实、查对,使其条理化、系统化,便于计算和分析。

(4)统计分析

运用统计学的基本原理和方法,分析计算有关的指标和数据,揭示事物内在规律。

(5)主要建议

通过现场调查、资料整理和统计分析后,找出事故发生的主要原因和管理工作中存在的主要问题,坚持问题导向和目标导向,提出解决问题的思路或措施。

2)统计内容

为及时、全面地掌握全国生产安全事故情况,深入分析全国安全生产形势,科学预测安全生产发展趋势,提高生产安全水平,国家安全生产监督管理部门持续健全生产安全事故统计调查制度,2023 年 12 月修订了

《生产安全事故统计调查制度》。需要注意的是,一是各行业根据其行业特点,都相应地制定了生产安全事故统计报表制度。二是在制度规定的各类统计报表中,"生产安全事故调查表"是基础报表,这张报表的各项指标归纳起来分为以下4个方面。

(1)事故发生单位情况

包括事故发生单位的名称、地址、代码、邮政编码、从业人员数、企业规模、经济类型、所属行业、行业类别、行业中类、行业小类、主管部门。

(2)事故情况

包括事故发生地点、发生日期(年、月、日、时、分)、事故类别、人员伤亡总数(死亡、重伤、轻伤)、非本企业人员伤亡数(死亡、重伤、轻伤)、事故原因、损失工作日、直接经济损失、起因物、致害物、不安全状态、不安全行为。

(3)事故概况

主要是指事故经过、事故原因、事故教训和防范措施、结案情况、其他需要说明的情况。

(4)伤亡人员情况

包括伤亡人员的姓名、性别、年龄、工种、工龄、文化程度、职业、伤害部位、伤害程度、受伤性质、就业类型、死亡日期、损失工作日。

3)伤亡事故统计分析方法

伤亡事故统计分析方法是以研究伤亡事故统计为基础的分析方法。伤亡事故统计法包括描述统计法和推理统计法。

描述统计法用于概括和描述原始资料总体的特征。它可以提供一种组织归纳和运用资料的方法。最常用的描述统计有频数分布、图形或图表、算术平均值及相关分析等。推理统计法是从一个较大的资料总体中抽取样本来推断结论的方法,它的目的是使人们能够用数量来表示可能的论述。常用到的事故统计方法包括:综合分析法、分组分析法、算术平均法、相对指标比较法、统计图表法。

（1）综合分析法

将大量的事故资料进行总结分类，形成书面分析材料或填入统计表或绘制成统计图，使大量的零星资料系统化、条理化、科学化。从各种变化的影响中找出事故发生的规律性。

（2）分组分析法

按伤亡事故的有关特征进行分类汇总，研究事故发生的有关情况。如按事故发生的经济类型、事故发生单位所在行业、事故发生原因、事故类别、事故发生所在地区、事故发生时间和伤害部位等进行分组汇总统计伤亡事故数据。

（3）算术平均法

算术平均法是指将一组数据中所有数据之和再除以这组数据的个数，得到的结果就是这组数据的算术平均数。例如，2001 年 1—12 月全国工矿企业死亡人数分别是 488 人、752 人、1123 人、1259 人、1321 人、1021 人、1404 人、1176 人、1024 人、952 人、989 人、1046 人，则：

$$平均每月死亡人数 = \frac{\sum_{n=1}^{N}(每月统计数)}{N} = \frac{12555}{12} = 1046(人)$$

（4）相对指标比较法

如各省之间、各企业之间由于企业规模、职工人数等不同，很难比较，但采用相对指标，如千人死亡率、百万吨死亡率等指标则可以互相比较，并在一定程度上能说明安全生产的情况。

（5）统计图法

常用的事故统计图有：

①趋势图，即折线图，能够直观地展示伤亡事故的发生趋势。

②柱状图，能够直观地反映不同分类项目所造成的伤亡事故指标大小。

③饼图，即比例图，可以形象地反映不同分类项目所占的百分比。

④排列图，也称主次图，是直方图与折线图的结合。直方图用来表示

属于某项目的各分类的频次,而折线点则表示各分类的累计相对频次。排列图可以直观地显示出属于各分类的频数的大小及其占累计总数的百分比。

案例 2013年××地区工程建设领域生产安全事故分析报告(节选)

(1)从事故类型分析,坍塌及高处坠落是主要事故类型。从表1-1可以看出,这两类事故共28起,死亡55人,分别占事故总量的50.0%和61.8%,反映出防坍塌、防坠落专项整治任重道远。特别是×××长江二桥4号墩围堰坍塌重大事故,一次造成11人死亡(含失踪),损失惨重,影响恶劣。此外,触电事故同比有所上升,反映出施工现场临时用电管理不规范。

2013年××地区工程建设领域不同事故类型统计分析   表1-1

事故类型	事故起数(起)	事故起数占全年比例(%)	事故起数同比去年(%)	死亡人数(人)	死亡人数占全年比例(%)	死亡人数同比去年(%)
坍塌	15	26.8	+200.0	40	44.9	+150.0
高处坠落	13	23.2	+30.0	15	16.9	0.0
起重伤害	6	10.7	−25.0	11	12.4	−45.0
车辆伤害	5	8.9	+25.0	5	5.6	−16.7
机械伤害	4	7.1	—	4	4.5	—
物体打击	4	7.1	0.0	4	4.5	−33.3
触电	3	5.4	+50.0	3	3.4	+50.0
火药爆炸	2	3.6	+100.0	2	2.2	−90.0
气囊爆炸	1	1.8	—	2	2.2	
爆破	1	1.8	−75.0	1	1.1	−91.7
淹溺	1	1.8	−66.7	1	1.1	−75.0
其他伤害	1	1.8	—	1	1.1	
合计	56	100	+36.6	89	100	−10.1

(2)从工程类型(图1-2)分析,桥梁工程、水运工程事故有所增加,隧道工程事故死亡人数降幅较大。桥梁工程事故32起、死亡55人,同比分别增加77.8%和52.8%,多为高处坠落和坍塌事故;水运工程事故5起、

同比增加 4 起,死亡 8 人、与去年同期持平;隧道工程事故 6 起、死亡 10 人,同比分别减少 14.3% 和 69.7%,多为坍塌事故。

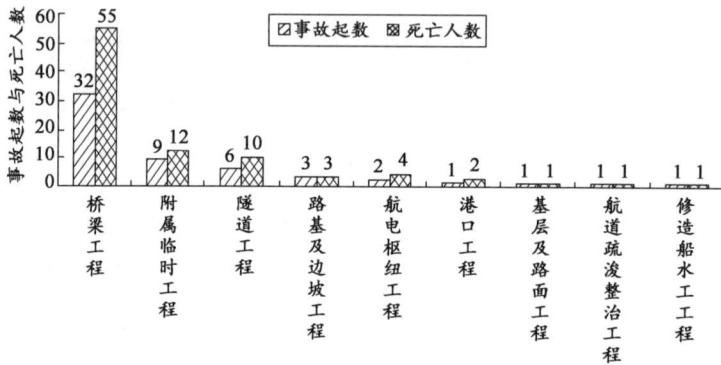

图 1-2　2013 年 ×× 地区工程建设领域不同工程类别事故统计分析

此外,从工程等级分析,高速公路工程事故多,共发生事故 43 起、死亡 61 人,分别占事故总量的 76.8% 和 68.5%;从建设类型分析,事故主要发生在新建工程,共发生事故 51 起、死亡 84 人,分别占事故总量的 91.1% 和 94.4%。

(3)从事故发生部位(图 1-3)分析,桥梁桩基、桥墩(柱、塔)等部位事故突出。桥梁桩基和桥墩(柱、塔)部位发生事故 20 起、死亡 28 人,分别占事故总量的 35.7% 和 31.5%,多为高处作业安全防护设施不足或违规操作导致。此外,预制场、拌和场、便道、便桥、弃土场等部位发生事故 12 起、死亡 16 人,分别占事故总量的 21.4% 和 18.0%,反映出施工主线外安全生产往往被忽视。

(4)从事故发生环节(图 1-4)分析,安装拆除作业风险高。安装拆除作业事故 7 起、死亡 10 人,分别占事故总量的 12.5% 和 11.2%,其中 5 起事故涉及模板拆除。此外,场内运输事故 6 起、死亡 6 人,多为施工组织不合理导致。

(5)从事故发生的时间段(图 1-5、图 1-6 和表 1-2)分析,9-11 时以及 15-16 时事故多发,夜间事故同比有所上升。9-11 时以及 15-16 时发生事故 33 起,死亡 55 人,分别占事故总量的 58.9%、61.8%,反映出作业人员连续工作 2h 后,容易出现疲劳、注意力不集中、安全意识松懈等问题。白天(7-18 时)发生事故 47 起、死亡 71 人,分别占事故总量的 83.9% 和 79.8%;夜间(19-次日凌晨 6 时)发生事故 9 起、死亡 18 人,分别占事故总量的 16.1% 和 20.2%,同比分别上升 125% 和 50%,反映出夜间施工现象有所增加。二、三季度为施工旺季,事故多发。四季度事故环比有所回落,但同比增幅较大且较大事故环比上升。

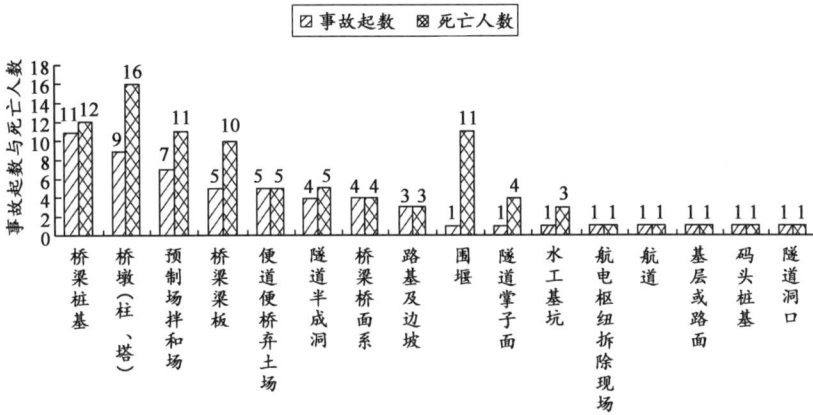

图 1-3　2013 年××地区工程建设领域事故发生部位统计分析

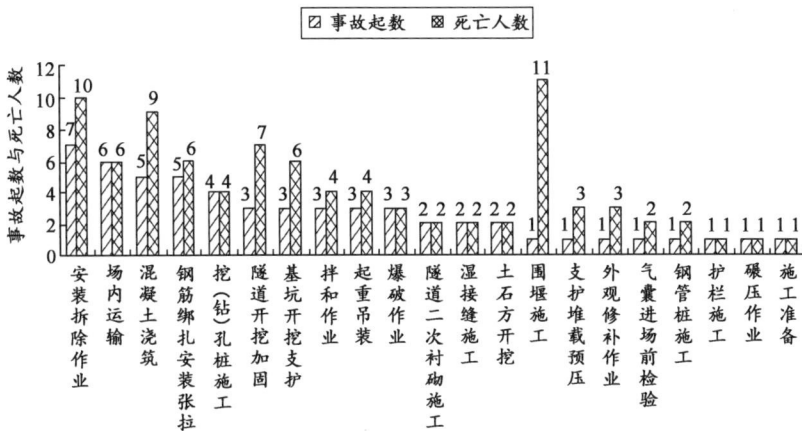

图 1-4　2013 年××地区工程建设领域事故发生环节统计分析

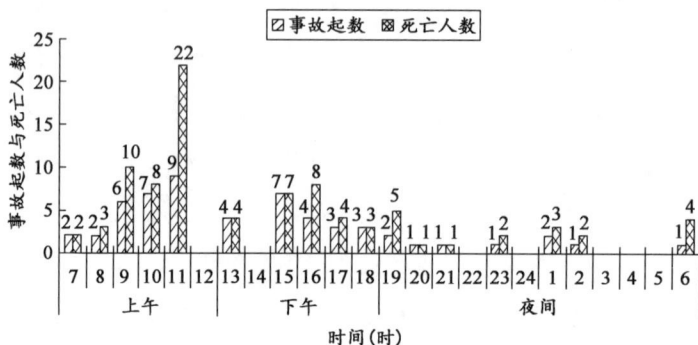

图 1-5　2013 年××地区工程建设领域事故发生时间段分布

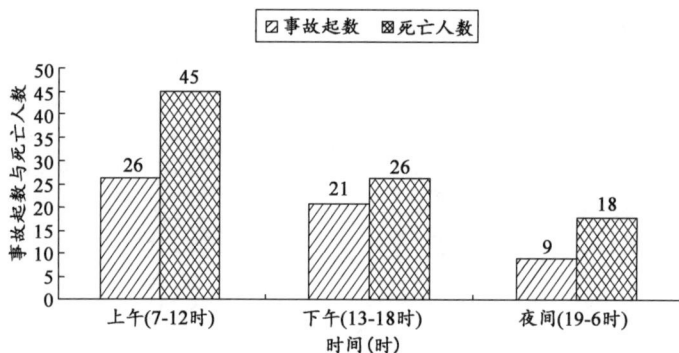

图 1-6　2013 年××地区工程建设领域事故发生时间段分析对比

2013 年××地区工程建设领域各季度事故起数和死亡人数统计　表 1-2

季度	事故总量				死亡 3～9 人的较大事故			
	事故起数（起）	同比（%）	死亡人数（人）	同比（%）	事故起数（起）	同比（%）	死亡人数（人）	同比（%）
一季度	8	−20.0	10	−50.0	1	−50.0	3	−62.5
二季度	14	0.0	18	−51.4	1	0.0	3	0.0
三季度	20	+81.8	31	+6.9	1	−80.0	4	−81.8
四季度	14	+133.3	30	+130.8	2	0.0	7	−12.5

（6）从事故发生原因（图 1-7）分析,违章指挥、违规操作是事故发生的主要原因。因违章指挥、违规操作发生事故 22 起,死亡 30 人,分别占事故总量的 39.3% 和 33.7%,反映出一线作业人员和管理人员安全意识薄弱、安全技能不足,施工现场"三违"现象依然突出。此外,因技术和设计有缺陷导致事

故8起、死亡22人,分别占事故总量的14.3%、24.7%,其中包括1起围堰坍塌重大事故,暴露出专项施工方案不合理,方案制订、审批、实施、监管环节均存在漏洞,安全生产技术管理未得到足够重视。

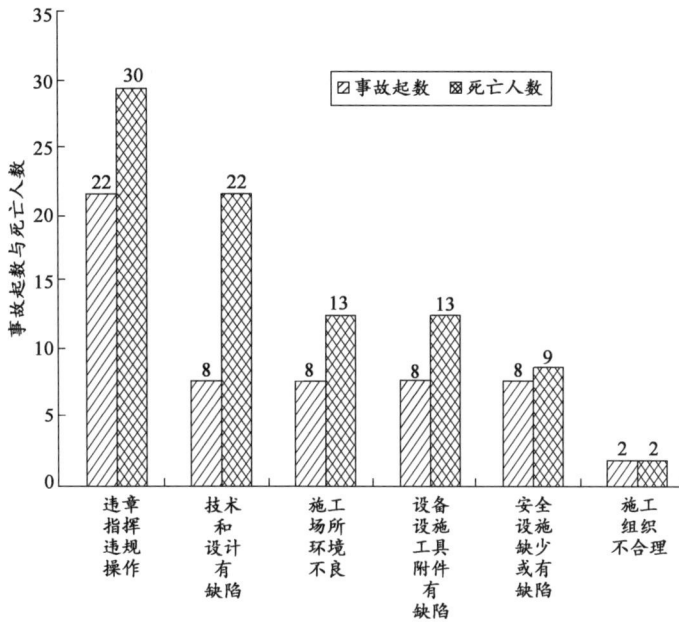

图1-7　2013年××地区工程建设领域事故原因对比分析

(7)从事故发生地区(图1-8)分析,各地区事故起数均有所增加,中部地区死亡人数降幅较大。东部地区发生事故16起、同比增加23.1%,死亡24人、同比减少11.1%;中部地区发生事故16起、同比增加60.0%,死亡人数23人、同比减少46.5%;西部地区发生事故24起、死亡42人,同比分别上升33.3%和44.8%。

(8)从事故等级分析,一般事故多,较大及以上等级事故类型集中。全年发生一般事故50起、死亡61人,分别占事故总量的89.3%和68.5%;较大及以上等级事故6起、死亡28人,其中,坍塌事故5起、死亡25人,分别占较大及以上等级事故的83.3%和89.3%。

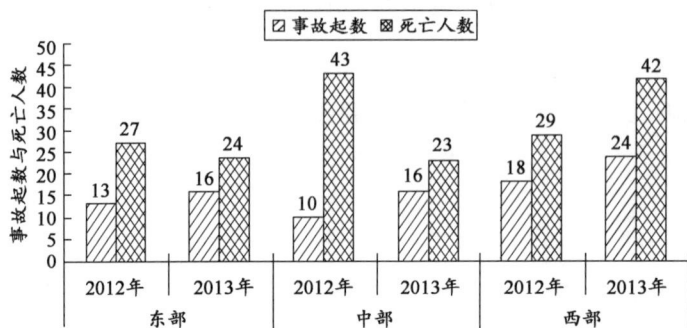

图 1-8　2012—2013 年××地区工程建设领域不同经验区域的事故对比

4. 安全生产事故调查处理

事故调查处理应当坚持实事求是、尊重科学的原则。应及时、准确地查清事故经过、事故原因和事故损失，查明事故性质，认定事故责任，总结事故教训，提出整改措施，并对事故责任者依法追究责任。

在实际工作中，我们常说安全事故"四不放过"处理原则。其主要内容是：事故原因未查清不放过、责任人员未处理不放过、整改措施未落实不放过、有关人员未受到教育不放过。

"四不放过"原则的第一层含义是要求在调查处理伤亡事故时，必须把事故原因分析清楚，找出导致事故发生的真正原因。不能尚未找到事故的真正原因，就敷衍了事。第二层含义是要求必须对事故责任者严格按照安全事故责任追究规定和有关法律、法规的规定进行严肃处理，不能姑息纵容，轻描淡写。这也是安全事故责任追究制的具体体现。第三层含义是必须提出防止相同或类似事故发生的切实可行的预防措施，并督促事故发生单位加以实施。第四层含义是要求必须使事故责任者、主管者和广大群众了解事故发生的原因及所造成的危害，并深刻认识到搞好安全生产的重要性，使大家从事故中吸取教训。只有这样，才算达到了事故调查和处理的最终目的。因为无论是分析事故原因，还是对责任者追责，或是有关人员吸取教训都是事后之功。安全生产重在预防，贵在事前。

1）事故调查程序

（1）成立事故调查组；

（2）事故现场勘验取证、现场摄影、音像资料收集、绘制事故图、有关物证搜集；

（3）事故有关文字、音像、图片等事实材料搜集；

（4）证人材料搜集；

（5）事故原因分析；

（6）撰写事故调查报告；

（7）调查报告报送、审批和归档。

2）事故调查组组成及工作机制

《生产安全事故报告和调查处理条例》（中华人民共和国国务院令第493号）第二十二条规定："事故调查组的组成应当遵循精简、效能的原则。根据事故的具体情况，事故调查组由有关人民政府、安全生产监督管理部门、负有安全生产监督管理职责的有关部门、监察机关、公安机关以及工会派人组成，并应当邀请人民检察院派人参加。事故调查组可以聘请有关专家参与调查。"第二十四条规定："事故调查组组长由负责事故调查的人民政府指定。事故调查组组长主持事故调查组的工作。"参加事故调查处理的部门和单位应当互相配合。事故调查组成员要遵守事故调查组的纪律，保守事故调查的秘密。未经事故调查组组长允许，事故调查组成员不得擅自发布有关事故的信息。事故调查中发现涉嫌犯罪的，事故调查组应当及时将有关材料或者其复印件移交司法机关处理。要充分发挥公安机关在事故调查中的作用，第十七条规定："事故发生地公安机关根据事故的情况，对涉嫌犯罪的，应当依法立案侦查，采取强制措施和侦查措施。犯罪嫌疑人逃匿的，公安机关应当迅速追捕归案。"

3）事故调查工作分组及职责

事故调查一般分为技术、管理、综合三个工作组，其组成人员和主要工作职责分别如下：

技术组一般由行业主管、安监、公安等部门人员和专家组成。其主要工作职责是：勘察事故现场，进行调查取证；组织专家组对事故直接原因从专业技术方面进行分析论证，提出专家组意见；收集事故调查专业资料，建立技术调查档案；查明事故直接原因，写出事故技术调查报告。

管理组一般由监察、安监、工会等部门人员组成。其主要工作职责是：组织对事故有关的企业、行业主管部门、专项安全监督管理部门及当地政府的安全监管责任落实情况进行调查取证，收集事故相关管理资料，建立管理原因调查档案，从安全监管方面查找事故发生的间接原因，写出事故管理原因调查报告。

综合组一般由安监、行业主管、公安、工会及当地政府等单位人员组成。其主要工作职责是：传达落实上级领导的指示；做好协调保障工作，保持调查工作信息畅通；负责宣传资料的搜集整理，建立并管理调查工作组档案；根据技术组和管理组的报告及相关调查资料，草拟事故调查报告，由调查组组长组织调查组相关成员讨论通过并签名。

4）事故调查取证工作

事故调查组成立后，根据职责分工，分组开展调查取证工作，通常包括：事故现场勘验取证工作、事实材料搜集、人证材料收集。

（1）事故现场勘验取证工作

①事故现场处理及有关物证搜集。

a. 认真保护事故现场，凡与事故有关的物体、痕迹、状态，不得破坏；

b. 为抢救受伤害者需要移动现场某些物体时，必须做好现场标志；

c. 现场物证包括：破损部件、碎片、残留物、致害物的位置等；

d. 在现场搜集到的所有物件均应贴上标签，注明地点、时间、管理者；

e. 所有物件应保持原样，不准冲洗擦拭；

f. 对健康有危害的物品，应采取不损坏原始证据的措施安全保存。

②现场摄影、录像资料收集。

a. 显示残骸和受害者原始存息地的所有照片；

b. 可能被清除或被践踏的痕迹：如紧急制动痕迹、地面和建筑物的伤痕、火灾引起损害的照片、冒顶下落物的空间等；

c. 事故现场全貌；

d. 利用摄影或录像，以提供较完善的信息内容。

现场摄影、录像资料，要注意以下 4 点：一是现场环境，要能反映事故现场在周围环境中的位置。二是要素关系，能准确反映事故现场各部分之间的关系。三是突出重点，对事故现场中心情况要反映清晰。四是注重细节，要反映出事故直接原因的痕迹、致害物，以及伤亡者伤害的部位。

③绘制事故图。

通过现场勘查将事故现场情况绘制成图形，其中，应包括了解事故情况所必需的数据和直观信息，如事故现场示意图、流程图、受害者位置图等。

（2）事实材料搜集

①与事故鉴别、记录有关的材料。

a. 发生事故的单位、地点、时间；

b. 受害人和肇事者的姓名、性别、年龄、文化程度、职业、技术等级、工龄、本工种工龄、支付工资的形式；

c. 受害人和肇事者的技术状况、接受安全教育情况；

d. 出事当天受害人和肇事者的开始工作时间、工作内容、工作量、作业程序、操作时的动作（或位置）；

e. 受害人和肇事者过去的事故记录。

②事故发生的有关事实材料。

a. 事故发生前设备、设施等的性能和质量状况；

b. 使用的材料，必要时进行物理性能或化学性能试验与分析；

c. 有关设计和工艺方面的技术文件、工作指令和规章制度方面的资料及执行情况；

d.关于工作环境方面的状况，包括照明、湿度、温度、通风、声响、色彩度、道路工作面状况、气候条件以及工作环境中的有毒、有害物质取样分析记录；

e.个人防护措施状况，应注意其有效性、质量和使用范围；

f.出事前受害人和肇事者的健康状况；

g.其他可能与事故致因有关的细节或因素。

③事故相关单位安全生产管理方面的材料。

如建设施工安全事故调查中，要求施工单位提供的资料有：营业执照、资质证书、安全生产许可证、工程审批文件施工许可证、工程总包及分包合同、劳动用工合同、企业安全生产制度、安全技术措施和施工现场临时用电方案及事故发生点的分部分项工程专项安全措施方案、工程安全技术交底记录、设备合格检测检验证明、职工安全教育培训、善后处置协议、单位事故报告及记录、现场施工记录、作业指导书和其他需要收集的书证材料。复印件材料需要加盖单位公章。

（3）人证材料收集

为了查清事故原因和责任，事故调查工作需要对现场目击者、相关作业人员和管理人员进行询问取证。为了全面、准确、高效地调查取证，要预先研究确定调查对象，并在对有关人员进行询问笔录前，认真草拟询问提纲。如对建设施工项目经理的询问提纲应考虑如下内容：基本情况（姓名、年龄、工作单位、职务、家庭住址、身份证号码等）；该工程管理的组织结构，主要管理人员分工情况，安全责任落实情况；本人的安全生产工作职责；事故发生时在何地，组织应急救援情况及事故报告情况；有关安全专项措施方案的编制、论证、审核、落实情况；安全作业规程制定及监督执行情况；作业人员组织培训情况；安全措施经费落实情况；是否到事故现场检查，是否发现安全隐患，发现隐患整改落实情况；要求本人分析事故原因，明确如何吸取本次事故教训，单位及本人应承担什么责任。对证人的口述材料,应认真考证其真实程度。《安全生产违法行为行政处罚办法》(国家安全生产监督管理总局令第 15 号)第二十七条对现场勘验和询问笔录虽然有规定,但是在实际操作中还必须讲求技巧,其核心是要确保所取证据的合法性和有效性。

5)事故经济损失统计范围

根据《企业职工伤亡事故经济损失统计标准》(GB/T 6721—1986),安全生产事故的经济损失分直接损失和间接损失两类。

(1)直接经济损失的统计范围

①造成人身伤亡后所支出的费用。

a. 医疗费用(含护理费用);

b. 丧葬及抚恤费用;

c. 补助及救济费用;

d. 歇工工资。

②善后处理费用。

a. 处理事故的事务性费用;

b. 现场抢救费用;

c. 清理现场费用;

d. 事故罚款和赔偿费用。

③财产损失价值。

a. 固定资产损失价值;

b. 流动资产损失价值。

(2)间接经济损失的统计范围

①停产、减产损失价值;

②工作损失价值;

③资源损失价值;

④处理环境污染的费用;

⑤补充新职工的培训费用;

⑥其他损失费用。

6）事故原因分析

事故原因分析的基本步骤如下：

①整理和阅读调查材料；

②分析伤害方式（从伤害部位、性质、起因物、致害物、伤害方式、不安全状态、不安全行为等方面进行分析）；

③确定事故发生的直接原因；

④确定事故发生的间接原因。

7）事故性质认定

（1）责任事故

指由于人的过失造成的事故。

（2）非责任事故

指由于人们不能预见或不可抗力的自然条件变化所造成的事故，或是在技术改造、发明创造、科学试验活动中，由于科学技术条件的限制而发生的无法预料的事故。对于能够预见并可以采取措施加以避免的伤亡事故，或因为没有经过认真研究解决技术问题而造成的事故，不包括在内。

（3）破坏性事故

指为达到既定目的故意制造的事故。对已确定为破坏性事故的，由公安机关追查破案，依法处理。

8）结案处理

事故调查组在查清事实、分析原因的基础上，组织召开事故分析会，按照"四不放过"原则对事故原因进行全面调查分析，制订切实可行的防范措施，提出对事故有关责任人员的处理意见，写成事故报告书。事故报告书经调查组全体人员签字后报批，如调查组内部意见有分歧，应在弄清事实的基础上，对照法律法规进行研究，统一认识。对个别仍持有不同意见的允许保留，并在签字时写明意见。对事故责任者的处理，应根据其情节轻重和损失大小,按规定给予处分。相关企业接到政府机关的结案批复后,应进行事故建档,并接受政府主管部门的行政处罚。

生产安全事故令人警醒,发人深思。尽管事故类型多种多样,危险源千差万别,但是所有的事故都有一个共同点,那就是每一起事故都是一次血与泪的深刻教训,每一起事故都是一本生动的警示教材。分析事故的危险源、查找事故的直接或间接原因、追究相关人员的责任,不是施工安全管理的重点,更不是安全管理的目的。真正的意义在于警示大家在安全生产管理中要从源头抓起,有的放矢防患于未然。

二、谈致因

一般而言,事故都是意外事件,具有偶发性和瞬发性的特点。因此,事故致因的分析研究是相当不容易的,很难直接观察得到。人们为了把伤害控制在最小限度,越来越注重事故的原因分析和研究。

随着对事故预防措施研究的不断深入,逐渐将事故预防转化为对风险的控制。"风险"一词最早并不是用于安全管理。"风险"一词的由来有多种说法,最为普遍的一种说法是,在远古时期,以打鱼捕捞为生的渔民们,每次出海前都要祈祷,祈求神灵保佑自己能够平安归来,其中主要的祈祷内容就是让神灵保佑自己在出海时能够风平浪静、满载而归。他们在长期的捕捞实践中,深深地体会到"风"给他们带来了无法预测和无法确定的危险。他们认识到,在出海捕捞打鱼的生活中,"风"即意味着"险",因此有了"风险"一词的由来。另一种说法认为"风险"(risk)一词是舶来品,有人认为来自阿拉伯语,有人认为来源于西班牙语或拉丁语。比较权威的说法是来源于意大利语 risque 一词。在早期"风险"一词的运用中,也是被理解为客观的危险,体现为自然现象或者航海遇到礁石、风暴等事件。大约到了 19 世纪,在英文的使用中,"风险"一词常常用法文拼写,主要是用于与保险有关的事情上。现代意义上的"风险"一词,已经大大超越了"遇到危险"的狭义含义,而是"遇到破坏或损失的机会或危险"。可以说,经过两百多年的演绎,"风险"一词越来越被概念化,并随着人类活动的复杂性和深刻性而逐步深化,在哲学、经济学、社会学、统计学甚至文化艺术领域被赋予了更广泛更深层次的含义,与人类的决策和行为后果联系越来越紧密。

无论"风险"一词源于何种由来,其基本的核心含义都是"未来结果或危险或损失的不确定性"。国际标准化组织(ISO)将风险定义为"不确定性对目标的影响",也有人进一步定义为"个人和群体在未来遇到伤害的可能性,以及对这种可能性的判断与认知"。换句话说,人们在实现其目标的工作活动中,会遇到各种不确定性事件,这些事件发生的概率及其影响程度是无法预知的,这些事件将对工作活动产生影响,从而影响工作目标实现的程度。这种在一定环境下和一定期限内客观存在的、影响工作目标实现的各种不确定性事件就是风险。简单来说,风险就是指在一个特定的时间内和一定的环境条件下,人们所期望的目标与实际结果之间的差异程度。

明白了"风险"的含义以后,"风险源"的含义就不难理解了。顾名思义,"风险源"就是带来风险的人、物或事件。简单地说,风险源就是风险的源头,是风险的致因,且与风险密不可分。

1. 事故致因与风险管理

简单地讲,事故致因就是事故的成因,它是形成事故的源头,是风险管理的重中之重。如果从单因素的角度去分析,我们把风险源细分为一个个风险因子,这样风险损失就与风险因子存在的可能性,以及风险发生后损失的严重程度紧密相关。可用一个简单的数学模型来表示,见式(2-1):

$$R = f(F, C) \tag{2-1}$$

式中:R——生产系统事故风险;

F——生产系统发生事故的可能性；

C——生产系统发生事故的严重程度。

由式(2-1)可以看出，风险有可能性和严重性两个主要特性，即，风险 = 可能性×严重性。

(1)从生产过程中事故发生的角度看，生产事故风险来源于两个方面。

①生产过程中发生事故的概率，即事故概率风险，用于预测生产过程中可能发生什么事故及其发生事故的可能性有多大。

②生产过程中发生事故的后果。反映了在生产过程中可能发生什么事故，且一旦事故发生，会造成什么样的损失。

(2)从生产过程中事故发生的结果看，发生事故的概率越大，或者事故的严重程度越大，生产事故的风险也就越大。

(3)从生产事故风险的管理方面，降低生产事故风险最有效的方法就是最大限度地降低发生事故的概率和事故发生后果的严重性，或者是根据生产具体情况，本着可行、有效的原则，降低其中之一。按照简单的逻辑思维，从理论上分析事故的成因过程，可能是"风险因子—隐患—危险—事故"。显而易见，提高风险管理的效果，应该注重对风险因子的管理，换句话说，有效控制风险因子是风险管理的基础(图 2-1)。

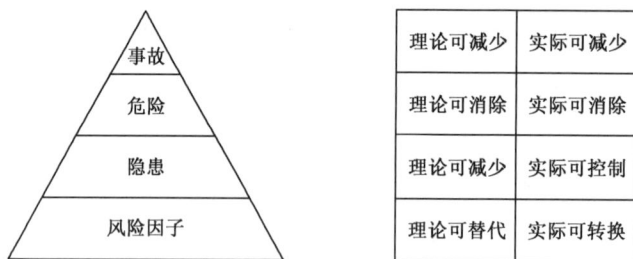

图 2-1 风险管理理论与实际管理策略

按照系统的管理思维，从实际上分析风险管理的目标和重点，可以简单地归纳为：风险管理的目标是预防、减少事故或降低事故损失。重点是改变环境的不安全条件、消除工作管理的缺陷、减少人的不安全行为和物的不安全状态(图 2-2)。

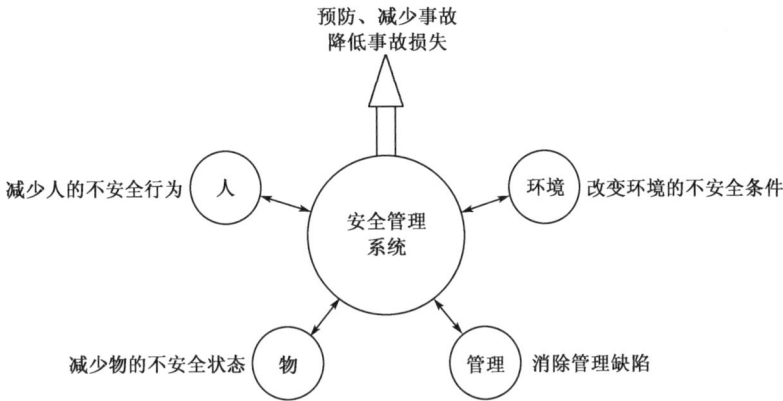

图 2-2　风险管理内容与目标

2. 事故致因主要理论

安全生产事故是小概率事件,因此往往不能引起人们的注意和研究。然而,再小概率的事件如果用今天大数据的观念去研究它,也一定能发现和总结出其中的规律。这里介绍几个具有代表性的事故致因研究成果。

1)海恩法则

海恩法则是德国飞机涡轮机的发明者德国人帕布斯·海恩提出的一个在航空界关于飞行安全的法则。海恩法则指出:每一起严重事故的背后,必然有 29 起轻微事故和 300 起未遂先兆(危险)以及 1000 起事故隐患。有人将这一法则归纳成"1:29:300:1000"比例效应。该法则强调事故的发生是由于事故隐患量的积累,造成的最后结果。

2)海因里希事故因果连锁理论

在 20 世纪初,资本主义工业化大生产飞速发展,机械化的生产方式迫使工人适应机器,包括操作要求和工作节奏,这一时期工伤事故频发。1936 年,美国学者海因里希调查研究了 75000 起工伤事故,发现其中98%是可以预防的。在这些可以预防的事故中,以人的不安全行为为主要原因的事故占89.8%,而以设备和物质不安全状态为主要原因的事故只占10.2%。海因里希提出了著名的"事故因果连锁理论"，他认为伤害事故的发生是一连串的事件，按照一定的因果关系依次发生的结果。海因里希把工业伤害事件的发生、发展过程描述为具有一定因果关系的事件的连锁，即：

（1）发生人员伤亡是事故的结果；

（2）事故的发生产生于人的不安全行为和物的不安全状态；

（3）人的不安全行为或物的不安全状态是由于人的缺点造成的；

（4）人的缺点是由于不良环境诱发的，或者是由先天的遗传因素造成的。

海因里希用多米诺骨牌来形象描述这种事故因果连锁关系（图2-3）。在多米诺骨牌系列中，第一块倒下（事故的根本原因发生），会引起后面的连锁反应而倒下，其余的几块骨牌相继被碰倒。如果移动连锁中的一块骨牌，则连锁被隔断，发生事故的过程被中止。

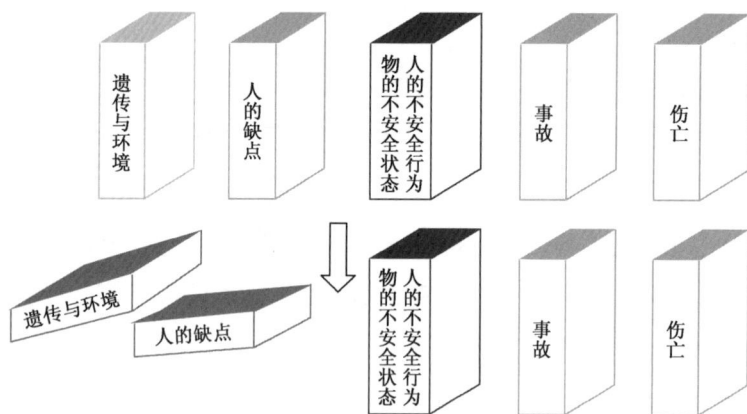

图2-3　事故因果连锁关系的多米诺骨牌系列

该理论的最大价值在于使人们认识到：如果抽出了人的不安全行为和物的不安全状态这块骨牌，也就是消除了人的不安全行为或物的不安全状态，即可防止事故的发生。企业安全工作的中心就是防止人的不安全行为,消除机械的或物质的不安全状态,中断事故连锁的进程以避免事故发生。

海因里希事故因果连锁理论阐述了人与物的关系,事故发生频率与伤害严重度之间的关系,不安全行为的原因、安全工作与企业其他管理机能之间的关系,以及安全与生产之间的关系等工业安全中最重要、最基本的问题。该理论曾被称作"工业安全公理"。

海因里希事故因果连锁理论也有明显不足,如它对事故致因连锁关系的描述过于绝对化、简单化。事实上,各块骨牌(因素)之间的连锁关系是复杂的、随机的。前面的骨牌倒下,后面的骨牌也可能倒下,也可能不倒下。事故并不是全都造成伤害,不安全行为或不安全状态也并不是必然造成事故,等等。尽管如此,海因里希事故因果连锁理论促进了事故致因理论的发展,成为事故研究科学化的先导,具有重要的历史地位。

3)亚当斯事故因果连锁理论

亚当斯事故因果连锁理论是亚当斯提出的一种因果连锁模型。该理论把人的不安全行为和物的不安全状态称作"现场失误",其目的在于提醒人们注意人的不安全行为和物的不安全状态的性质。

亚当斯事故因果连锁理论的核心在于对现场失误的背后原因进行了深入的研究。操作者的不安全行为和生产作业中的不安全状态等现场失误,是由于企业领导者和事故预防工作人员的管理失误造成的。管理人员在管理工作中出现的差错或疏忽,企业领导人决策错误或没有作出决策等失误,对企业经营管理及安全工作具有决定性的影响。管理失误反映企业管理系统中的问题,它涉及管理体制,即如何有组织地进行管理工作,确定怎样的管理目标,如何计划、实现确定的目标等方面的问题。管理体制反映作为决策中心的领导人的信念、目标及规范,它决定各级管理人员安排工作的轻重缓急、工作基准及指导方针等重大问题。

31

4）轨迹交叉理论

轨迹交叉理论的基本思想是：伤害事故是许多相互联系的事件顺序发展的结果。这些事件概括起来不外乎人、物和环境三大系列。当人的不安全行为和物的不安全状态在各自发展过程中，在一定时间、空间发生了接触或交叉，能量转移于人体时，伤害事故就会发生。而人的不安全行为和物的不安全状态之所以产生和发展，又是受多种因素作用的结果。在人、物和环境三大系列的运动中，三者往往是相互关联的，互为因果，相互转化的。在特定的时空条件中，有时人的不安全行为促进了物的不安全状态的发展，或导致新的不安全状态的出现；而物的不安全状态也可以诱发人的不安全行为。

轨迹交叉理论作为一种事故致因理论，强调的是人的因素和物的因素在事故致因中占有同样的地位。按照该理论，应尽量避免人的不安全行为和物的不安全状态同时、同地出现，以此可以有效预防事故的发生。

5）破窗理论

美国斯坦福大学心理学家詹巴斗曾做过一项试验：将两辆外形完全相同的汽车停放在杂乱街区，一辆车窗打开且车牌被摘掉，另一辆车封闭如常。结果三天之内打开车窗的那辆车被破坏得面目全非，另一辆车则完好无损。后来，詹巴斗又把这辆车的玻璃敲了个大洞，车上所有的窗户只一天时间都被打破，车内的东西全部丢失。

以此试验为基础，美国政治学家威尔逊和犯罪学家凯林提出了著名的"破窗理论"，即如果有人打坏了建筑物的一扇窗户玻璃，打碎玻璃者未受到惩罚，而这扇窗户又未得到及时修理，在公众麻木不仁的氛围里，别人就可能受到暗示性的纵容去打烂更多的窗户玻璃，最终造成千疮百孔、积重难返的局面。

人的行为会接受周围环境的暗示。在杂乱无章的环境中，人就变得随意；在井井有条的环境中，就会变得小心谨慎。同样，安全管理的优劣，直接影响操作者的心理。从以往发生的事故来看,有不少事故是由违章操作引起的。按照"破窗理论"来分析,开始有人违章操作没有引起足够的重视,也没有及时制止和进行教育,致使违章的人越来越多,最终导致事故的发生。

6)墨菲定律

1949 年,美国空军爱德华·墨菲工程师和他的上司斯塔普少校参加美国空军进行的火箭减速超重实验。这个实验的目的是测定人类对加速度的承受极限。其中有一个实验项目是将 16 个火箭加速度计悬挂在受试者上方,当时有两种方法可以将加速度计固定在支架上,而不可思议的是,竟然有人有条不紊地将 16 个加速度计全部装在错误的位置上。于是墨菲作出了如下著名的论断:如果做某项工作有多种方法,而其中有一种方法将导致事故,那么一定有人会选择那种可能导致事故的方法。

"墨菲定律"主要内容有 4 个方面:①任何事都没有表面上看起来那么简单,实际上可能存在许多潜在的复杂性和意外情况。②所有的事都会比你预计的时间长,可能有未预料的问题、延误或其他因素影响。③会出错的事总会出错,强调的是风险管理和事前准备。④如果你担心某种情况发生,那么它就更有可能发生。这里说的是人的心态影响人的行为。

"墨菲定律"的根本是"凡是可能出错的事就有很大概率会出错",指的是任何一个事件,只要具有大于零的概率,就不能够假设它不会发生。就是说在安全生产管理中,只要有发生事故的原因或危险源,事故就一定会来到,不是不来而是时机未到。

3. 事故致因分析方法

事故致因分析主要采用事故致因因素风险评价方法。应用该类方法进行风险评价,可以得出事故致因因素。常用的方法有专家咨询方法、图表分析方法、动态评价方法。

1）专家咨询方法

组织有较高的理论水平、丰富的安全管理实践经验，同时熟悉本工程项目施工生产工艺的技术和管理人员，成立专家组。专家通过现场观察、询问，以及查看有关资料，征询专家和操作人员对工艺、设备、设施、环境和管理等方面的意见，研究发现可能发生事故的致因。常用的方法有：①专家现场询问法；②专家现场观察法；③危险和可操作性研究；④故障类型及影响分析。

2）图表分析方法

针对不同的工艺，按照生产工序，将生产过程全面展开，可以根据工序的顺序，逐个排查安全生产事故致因，加以预防和控制；也可以根据人们预期的工作结果，反推需要预防的事故问题，实现安全生产的目的。最常用的是将不同阶段的检查设计成检查表，列出不同层次的危险因素，通过项目检查进行评审和分析。常用的方法有：①事故树分析；②事件树分析；③安全检查表法；④因素图分析法；⑤因果（鱼刺）图分析法。

3）动态评价方法

通过对工程项目中相关工艺工序过去已经发生的安全生产事故的分析，找出事故致因（生效）的机理和规律。以当前或将来需要完成的工作为目标，预测可能发生的事故风险，采取具有针对性的纠正和预防措施。常用的方法有：①事故引发和发展分析；②事故顺序评价法；③多系列失效分析法。

事故致因分析应充分了解危险源的分布。从管理范围上讲，应包括施工现场内受到影响的全部人员、活动与场所，以及受到影响的社区、排水系统等，也包括分包商、供应商等相关方的人员、活动与场所等。从工作状态上讲，应考虑以下三种状态：①正常状态，指固定的、例行性且计划中的作业与程序；②异常状态，指在计划中，但不是例行性的作业;③紧急状态,指可能或已发生的紧急事件。从工作重点上讲,要了解危险源类型及其伤害与影响的方法或途径,估计危险源伤害与影响的范围。要特别关注重大危险源与重大环境因素,防止遗漏。

案例1　马鞍山长江公路大桥施工现场风险分析

马鞍山长江公路大桥建设中,始终把施工现场风险分析与管理作为安全生产管理工作的重点。施工单位每月25日前对本月安全生产进行检查总结,对下个月施工过程中可能存在的重大风险源进行辨识,制订相应的防控措施,并从本质安全诸方面分析整理,总结形成桥梁施工安全风险源清单。

1)风险源清单

风险源清单原则上按照工序的顺序进行编排。清单采用表格形式。表格由安全要素、危险致因、由危险致因引发的事故类型和防控措施组成(表2-1)。

风险源清单　　　　　　　　　　　　　　　表2-1

序号	安全要素	危险致因	事故类型	防控措施

风险源清单主要工序编排顺序是:①钻孔灌注桩施工;②承台、塔座施工;③塔柱爬模施工;④沉井施工;⑤锚碇施工;⑥悬索桥上部结构施工;⑦现浇箱梁施工;⑧斜拉桥上部结构施工;⑨通用工序。

在使用清单时,一是由于钢筋工程、脚手架工程、模板工程、混凝土工程、季节性施工等普遍存在于各工序中,因此纳入通用工序风险源清单;二是注意单项工程与通用工序的配合使用;三是注意联系本工程的特点开展使用。这样考虑因素更为全面。

2）钻孔灌注桩施工

（1）主要工序：钻孔平台及栈桥搭设，钢护筒制作、运输及沉放，钻机就位与提钻移机，钢筋笼的制作及运输，钢筋笼沉放，混凝土浇筑。

（2）主要风险源清单（节选）见表2-2。

钻孔平台及栈桥搭设风险源清单 表2-2

序号	安全要素	危险致因	事故类型	防控措施
1	人	员工进场后未进行岗前教育培训	其他伤害	加强作业队人员管理，做到岗前教育培训率100%
2		未对作业区施工人员安全交底和业务培训	其他伤害	栈桥平台搭设前对施工人员进行安全技术交底
3		起重机驾驶员违章操作	起重伤害	加强安全技能培训提高操作者综合素质，安全员巡查监督，及时制止违规操作
4		人员高处作业失足	高处坠落、淹溺	加强员工高处作业安全意识教育，做好高处作业安全防护措施，穿戴好安全防护用品
5		人员在杆件上行走	高处坠落、淹溺	规范搭设施工平台或通道。加强员工安全意识教育，穿戴救生衣等安全防护用品。安全员加强现场监管力度
6	机	选用钢丝绳、吊钩、吊具不符合要求	起重伤害	选用符合要求的钢丝绳、吊钩、吊具，装设有效的防脱绳卡扣。吊装前对卡扣进行检查，如有异常应及时更换
7		漏电保护失灵，线路破皮、老化	触电	电线、配电箱和开关箱等绝缘良好。配电箱用电开关均设漏电保护器和接地线，用电设备接电部位确保绝缘良好和有效接地。严禁私拉乱接
8		钢管桩存放、堆放不规范，堆积过高	坍塌	规范钢管桩材料堆放，底层设置限位，不能堆积过高
9		焊把线绝缘损坏、电焊机未做接零或接地保护、电焊机漏电。焊工未按规定穿戴绝缘用品	触电	及时更换破损的焊把线、电焊机，做好接地、接零两级保护。电焊工做好安全防护，安全员加强监管，及时纠正违规、违章作业现象

序号	安全要素	危险致因	事故类型	防控措施
10	环境	栈桥桥面未设置护栏、焊接人员不走安全通道和使用简易吊篮	高处坠落、淹溺	栈桥平台搭设好后及时设置防护栏杆。加强员工安全意识教育,穿戴好安全防护用品,尤其是救生衣的穿戴
11		上船的通道临边防护不到位或湿滑	淹溺	做好上船的施工通道和临边防护,采取防滑措施
12		气瓶使用不规范	火灾、爆炸	氧气瓶、乙炔气瓶使用过程中安全距离不小于5m,距离动火点不小于10m;应采取防暴晒措施;摆放在符合要求的库房中
13	工艺	栈桥(或工作平台)设计缺陷、超载	坍塌	栈桥方案要经专家评审,加强栈桥的通行管理,严禁超载超宽车辆通行
14	管理	施工船舶撞击栈桥	坍塌、淹溺	与地方海事局联系,设置航标,指引船舶正确通航。控制船舶停靠速度,专人指挥进行停靠,大雾天气严禁船舶出航
15		施工船舶停靠时速度过快,撞击到已振设好的钢管桩上	坍塌	加强船舶舵手安全意识教育,严格遵守船舶安全操作规程,停靠时应由专人指挥
16		过往船舶闯入施工区,撞击到钢栈桥、平台	坍塌、淹溺	水上施工派专人值勤,看到闯入施工区的船只及时报告海事部门,夜间保持水上施工区警示灯正常照明,钢栈桥和平台上均设置警戒灯,夜间能保证显示出整个栈桥和平台的轮廓
17		施工船舶/交通船横渡与过往船舶冲撞	淹溺	严格遵守《中华人民共和国内河交通安全管理条例》,施工船舶/交通船横渡前,应使用高频电话征得海事部门同意,并听从指挥
18		钢管桩运输船超载	淹溺	加强船舶装载重量控制,在船上明显处设置限载标志,严禁超载
19		施工船舶/交通船超速行驶	淹溺	加强船员素质教育,对超速现象严厉处罚
20		交通船乘载超员	淹溺	严格执行交通船乘坐规定,在船上明显处设置人员限数标志。安全员现场值勤监管

4. 事故原因调查分析

事故致因理论告诉我们,一切事故的发生都有其必然原因。事故发生的原因可分为直接原因和间接原因。

1)直接原因

直接原因是在时间上最接近事故发生的原因,又称为一次原因,可分为以下三类:

(1)物的原因:是指由于设备不良所引起的,也称为物的不安全状态。所谓物的不安全状态是致使事故发生的不安全的物体条件或物质条件。如设备无防护或防护不当、保险或报警装置缺乏或有缺陷,设备、设施、工具和附件不符合安全要求,设备失修和保养不当。

(2)环境原因:是指由于环境不良所引起的。如作业场所狭窄、场地杂乱、材料堆放不规范,温度、湿度、照度不能满足作业人员工作要求或对作业人员有伤害,安全通道不明显。

(3)人的原因:是指由人的不安全行为而引起的。所谓人的不安全行为是指违反安全规则和安全的行为。如未能正确使用劳动防护用品、违章作业、操作失误、使用不合格设备和产品。

2)间接原因

间接原因指引起事故原因的原因。间接原因主要有以下五类:

(1)技术原因:包括主要装置、机械、建筑的设计,建筑物竣工后的检查保养等技术方面,机械装备的布置,工厂地面、室内照明以及通风、机械工具的设计和保养,危险场所的防护设备及警报设备,防护用具的维护和配备等所存在的技术缺陷。

(2)教育原因:包括与安全有关的知识和经验不足,对作业过程中的危险性及其安全运行方法无知、轻视、不理解、训练不足,坏习惯及缺乏经验等。

(3)身体原因:包括身体有缺陷或由于睡眠不足而疲劳、酩酊大醉等。

（4）精神原因：包括怠慢、反抗、不满等不良态度，焦躁、紧张、恐惧等精神状况，偏狭、固执等性格缺陷。

（5）管理原因：包括企业主要领导人对安全的责任心不强，作业标准不明确，缺乏检查保养制度，劳动组织不合理等。

3）主要原因

在造成某起事故的直接原因和间接原因中，对事故发生起主要作用的原因即为主要原因。值得注意的是，主要原因既可以为直接原因，也可以为间接原因。直接原因和间接原因主要是从接近事故发生时间的程度来判定的，时间上最接近事故发生的原因即为直接原因。主要原因则是从对事故发生所起作用的大小来衡量的。在分析事故时，应从直接原因入手，逐步深入到间接原因，从而掌握事故的全部原因。再分清主次，进行责任分析。事故调查人员应注重导致事故发生的每一个事件，同样要注意各个事件在事故发生过程中的先后顺序。

在事故原因分析时通常要明确以下内容：

（1）在事故发生之前存在什么样的不正常状态。

（2）不正常状态是在哪儿发生的。

（3）在什么时候首先注意到不正常状态。

（4）不正常状态是如何发生的。

（5）事故为什么会发生。

（6）事件发生的可能顺序以及可能的原因（直接原因、间接原因）。

（7）分析可选择的事件发生顺序。

案例2　××一级公路塔式起重机较大坍塌事故

20××年9月13日，××一级公路项目塔式起重机在安装作业过程中发生坍塌事故，造成6人死亡、4人受伤，直接经济损失1134万余元。

1）事故经过

20××年9月7日，塔式起重机安装班组已完成6个标准节安装，塔式起重机达到基本架设高度（34.93m）。9月12日下午，完成套架顶升作业,并在地面拼装完成第8节1/2标准节。9月13日塔式起重机开始顶升作业,7时10分8名塔式起重机顶升作业人员到达现场,至7时50分第8节标准节安装完毕。7时53分塔式起重机上作业人员插上顶升销、拔出滑道底座与标准节连接销,准备开始顶升。8时40分滑道塔身节正常顶升,其间,塔式起重机现场管理人员孙××、班组长李××到离塔式起重机约20m的集装箱处寻找塔式起重机安装所需的配件器材。8时43分滑道塔身节顶升至最后一个行程时,换步销对孔出现错位,施工人员陈××无法将换步销全部插入到位,于是陈××向站在右侧操作平台上的施工人员涂××要了千斤顶,使用千斤顶校正换步销轴孔,陈××用完千斤顶后将千斤顶递还给涂××,涂××返回时发生塔式起重机坍塌事故。

2）事故原因分析

（1）直接原因

顶升作业人员在塔式起重机左侧顶升销轴未插到正常工作位置,使该销轴的前端锥度位置受挤压,处于非正常受力工作状态下,采用千斤顶调整左侧固定轭杆与顶升梯的孔位偏差,造成左侧异常承重的顶升销轴发生轴向位移、脱出,塔身上部所有荷载全部由右顶升销轴和右换步销轴承担,导致塔式起重机上部结构因失去左侧支承,在重力作用下向下蹾坐、坍塌。

（2）间接原因

①企业安全生产主体责任落实不到位。塔式起重机安装公司未健全和落实安全生产责任制;施工单位项目部隐患排查治理不深入、不细致,执行行业主管部门下达的安全生产隐患整改指令不彻底。

②塔式起重机安拆专项施工方案审核审查把关不严。塔式起重机安装公司编制的塔式起重机安拆专项施工方案存在缺陷;×航局×公司、工程监理公司审核、审查把关不严,未能发现并纠正塔式起重机安拆专项施工方案存在的缺陷。

③施工现场管理不到位。×航局×公司现场管理混乱,项目实际负

责人、技术负责人、顶升作业人员与合同约定、塔式起重机安拆专项施工方案确定的人员不一致,部分作业人员未接受技术交底;现场交叉作业管理不严格,未合理设置警戒区域。监理公司对施工现场监管不到位,未发现纠正塔式起重机安装施工现场负责人不在岗等问题。

④安全生产教育培训效果差。×航局×公司、塔式起重机安装公司组织开展从业人员安全教育流于形式,顶升作业人员对事故塔式起重机安全风险认识不清,不熟悉危险因素、防范措施,应急处置能力弱。

案例3 ××高速公路隧道较大片帮事故

20××年6月19日,××高速TJ8标段隧道左洞掌子面立架作业时发生一起片帮事故,造成3人死亡、4人受伤,直接经济损失约608万元。

1)事故发生经过

20××年6月18日11时30分许,某爆破工程有限公司作业人员对事发段掌子面进行装药,12时30分进行爆破。18时56分施工单位作业人员组织两次机械排危并出渣,21时许出渣完毕。22时2分,施工单位现场值班人员余××通知支护班组长周××安排支护班作业人员进入隧道进行立架作业。22时24分,余××通知测量员罗××进行断面测量。23时许,周××驾驶面包车搭载7名施工人员进入小田湾隧道左洞掌子面进行立架作业。19日0时59分,周××驾车进入小田湾隧道左洞进口掌子面和作业人员一起施工作业,此时在该处掌子面作业的人员共8人。1时47分,在立架过程中左洞掌子面左侧拱顶和拱腰发生坍塌,掉块砸中正在进行支护的作业人员。最终造成3人死亡、4人受伤。

2)事故原因分析

(1)直接原因

该隧道地质构造复杂,隧道开挖形成临空面,节理相互交割形成危岩体,隧道施工未按照行业规范、设计文件、施工组织设计、专项施工方案施工,开挖工艺、支护工序、开挖进尺不符合要求,围岩裸露时间长,应力调整,岩体卸荷,节理张开松弛,拱顶和拱腰发生坍塌,掉块砸中作业人员导致事故发生。

（2）间接原因

①企业安全生产主体责任不落实。施工技术、施工安全监管缺失，TJ8项目部项目负责人不具备资格条件履行项目负责人职责，劳务合作单位项目部部分主要管理人员未到岗履职，总监办部分主要监理人员未实际到岗履职且聘用无监理从业资格人员履行监理职责。

②隐患排查治理不到位。未及时发现并消除隧道5号停车带施工过程未按规范、设计、方案组织施工的事故隐患。

③安全教育和培训不到位，未能起到有效的安全管理作用。TJ8项目部对从业人员进行安全生产教育和培训不到位，未如实记录安全生产教育和培训情况，安排未经安全生产教育和培训合格的从业人员上岗作业。

④属地政府和行业部门监管不到位。属地政府督促相关单位落实安全生产主体责任不力；行业部门未认真履行行业安全监管工作职责，日常监督检查流于形式。

5. 致因理论对安全管理的启示

1）一切安全事故都是可以预防的

海因里希在《工业事故预防》一书中提出了著名的"事故因果连锁理论"，这一理论最重要的结论是：事故中的98%是可以预防的，而在这些可以预防的事故中，以人的不安全行为为主要原因的事故占89.8%，而以设备和物质不安全状态为主要原因的事故只占10.2%。我们从多年的生产伤亡事故统计分析中也可以看出，在实际工作生产中由于人为错误而发生的事故很多，因此只要抓住人的问题，就抓住了安全管理的关键，或者说大量安全生产事故就可以避免。这从另外一个角度也说明了安全事故的发生也有其规律性。

人的行为错误概括起来一般有三种情况：一是疏忽，这种错误一般发生在作业人员注意力不集中,或在紧急情况下,忘记按照安全操作程序或常规程序中涉及安全的步骤操作,结果造成了安全事故。例如工地上滚筒拌和机维修,维修者没有在开关箱悬挂"有人操作,请勿合闸"的警示牌,往往就会出现其他人根据班组长要求送电搅拌混合料指令,结果造成机械伤害事故。二是无知,这种错误主要是由于作业人员不了解安全生产的基本知识,不能正确地使用设备、正确地保护自己。三是违章,一些人员经常抱着侥幸的心态,常常为了图省事、赶进度,采用不安全操作的行为,违章作业、违章指挥。关于设备的不安全状态,现在的数控技术、智能技术以及互联网技术的发展,对设备运行管理水平已经有了很大的提升。对于安全事故的可预可防,就目前技术与管理水平,只要我们按照致因理论指导的方向,根据安全生产的规程规定,全面开展隐患排查与整改,完全可以做到预测和预防。尽管现阶段做到事故前的预报仍存在一定难度,但随着人工智能技术的发展,这一目标有望在将来得以实现。

2)致因分析要定性定量相结合

对事物发展趋势的预测,我们往往偏好于定量分析,总觉得通过采集数据、建立模型、理论计算,这样得出的结果准确可信。其实对于安全事故致因的分析,一是数据资料,无论是历史的还是现实的都难以充分掌握;二是对主要影响因素有时难以用数字描述。此时发挥专家的经验和主观能动性,根据已掌握的历史资料和直观材料,运用个人的经验和分析判断能力,对安全事故的致因作出性质和程度上的判断,则方法更为灵活、简便易行,而且省时省费用。这种定性预测的缺点是:易受主观因素的影响,比较注重于人的经验和主观判断能力,从而易受人的知识、经验和能力的束缚和限制,尤其是不能对事物发展从数量上作出精确描述。但是可以在进行定性预测时,也尽可能地搜集数据,运用数学方法,从数量上进行测算。在实际预测过程中,如果把定性预测和定量预测两者正确地结合起来使用,相互补充,那么效果一定会很好。

3)安全生产要注重过程管理

成语"千里之堤,毁于蚁穴",讲的是在古代黄河岸边有一片村庄,为了防止黄河水患,农民们筑起了巍峨的长堤。一天有个老农偶然发现蚂蚁窝一下子猛增了许多。老农心想,这些蚂蚁窝究竟会不会影响长堤的安全呢?他正要回村去报告,路上遇见了他的儿子。老农的儿子听了不以为然地说:这么坚固的长堤,还害怕几只小小蚂蚁吗!说完便拉老农一起下田了。当天晚上风雨交加,黄河里的水猛涨起来,咆哮的河水开始从蚂蚁窝渗透出来,继而喷射,导致堤决人淹。唯物辩证法指出:事物的发展大都经历了从量变到质变的过程,即经过量的积累,从而实现了质的改变。从"千里之堤,毁于蚁穴"的成语故事、海恩法则,到唯物辩证法原理,都告诉我们在安全生产管理中,要高度重视过程管理和细节管理。蚁穴虽小,却能毁掉千里大堤,隐患不断累积,终会酿成恶果。

在安全生产管理实践中,有不少人既能意识到安全生产的重要性,也能重视安全隐患的排查与治理,但是工作总是不够到位,或者是完成了工作任务的90%就沾沾自喜,觉得万事大吉。假如对待一次安全隐患排查工作,从工地现场项目部经理,到分管安全副经理、安全部部长、专职安全员和班组长的工作都各做90%,这从某种意义上说每个人的工作做得也还不错了,但是如果把这项工作整合,根据乘法定理,从总的效果来看,结果就是 $90\% \times 90\% \times 90\% \times 90\% \times 90\% = 59.049\%$,也就是说还有一半的隐患存在。如果每个工作者完成自身岗位工作还不到90%或者更少,那么可想而知安全生产工作又会出现什么样的结果!因此,在安全生产管理中,一定要牢固树立细节决定成败的意识,将生产过程中的大小隐患都要进行排查与整改。

4)安全生产要注重预防管理

预防管理就是在施工作业开始前,根据工程项目特点或工艺工序的情况,通过资料分析或现场检查,预测生产作业中可能出现的事故隐患,针对这些问题加以分析与整改,达到避免事故或减少事故损失的管理方法。预防管理的主要步骤是:一要收集信息,分析环境。要确定预防的对象和目标,然后针对预防对象收集相关信息,这些信息要准确和全面,然后根据所得信息对事物运行的内外环境进行分析。二要排查预测,发现问题。根据工程项目的实际情况,选择恰当的方法(可以同时使用几种不同的方法确保预测的精确性)进行检查预测,根据预测结果梳理发现安全生产隐患。三要抓住关键,落实整改。对上面步骤中收集的所有安全生产隐患和问题进行整理和分类,哪些是关键的,哪些是次要的;哪些是操作方面的,哪些是技术方面的,哪些是管理方面的。从关键问题入手,针对不同情况,提出整改意见,落实到责任单位、部门和责任人。

预防管理要求实施者具备敏锐的洞察力,能够根据日常收集到的各方面信息,及时发现潜在的危机并且采取有效的防范措施,达到完全避免或把损害和影响尽可能减少到最小程度,做到有备无患。

在实际工作中,预防事故的路径有多条:在技术层面上,首先在工程设计阶段就尽可能地在方案上进行风险转换,以降低潜在风险;其次在工程施工阶段,通过加强管理来实施隐患控制或危险消除。在管理层面上,重点应放在消除人的不安全行为或物的不安全状态。人的不安全行为包括管理行为和操作行为,如操作人员违章操作,管理人员违章指挥,以及管理人员失职渎职;物的不安全状态包括设备设施(包括安全设施)以及材料本身存在的缺陷,如制造缺陷、安装缺陷、位置缺陷、环境缺陷、防护缺陷等。

无论事故大小,事故最直接的致因通常被归结为人们常说的危险或隐患的积累。海恩法则表明,事故有先兆,即每一起严重事故的背后,必然有29起轻微事故、300起未遂先兆(即危险)以及1000起事故隐患。这一法则强调了事故发生的可预见性和可预防性。海因里希理论进一步证明98%的事故是可以通过适当的预防措施来避免的。在风险管理理论的指导下,根据施工的不同阶段不同场景,通过对风险转换、控制、消除和减少等管理措施的灵活运用,可以有效地减少事故的发生,保证施工安全。

■■■■ 三、谈隐患

在安全管理的检查中,我们经常会使用"隐患"这个词。隐患就是潜藏在某个条件、事物以及事件中所存在的不稳定并且影响到个人或者他人安全利益的因素。"隐"字体现了潜藏、隐蔽,而"患"字则体现了祸患、不好的状况。在生产实践中,就是生产系统中导致事故发生的人的不安全行为、物的不安全状态和生产管理的缺陷。

1. 事故隐患的分类

事故源于隐患。一般情况下,我们从两个角度划分事故隐患。

(1)根据事故隐患的严重程度和排除难度,将事故隐患分为一般事故隐患和重大事故隐患。一般事故隐患是指危害和整改难度较小,能够立即整改排除的隐患。重大事故隐患是指危害和整改难度较大,应当全部或者局部停产停业,经过一定时间整改治理方能排除的隐患,或者因外部因素影响致使生产经营单位自身难以排除的隐患。

(2)根据事故隐患的危害性和整改的时效性,将事故隐患分为两类三种形式,即一类是安全隐患、一类是安全问题。安全隐患按照紧急程度或整改的时效不同又可分为立即整改的隐患和限期整改的隐患。

①立即整改的隐患。

凡是有随时发生重大伤亡事故危险的隐患,均应立即整改,由检查组签发"事故隐患停工整改通知书"。被检查单位负责人接到停工整改通知书后,必须迅速组织力量,研究整改方案,立即进行整改。整改完成后将整改情况反馈至检查组,检查组收到反馈信息后,应立即组织复查,确认合格后方可批准复工。

②限期整改的隐患。

凡是隐患较严重,不尽快排除可能发生重大伤亡事故,但由于各种客观条件和困难,不能立即解决的,应限期整改,由检查组签发"事故隐患限期整改通知书"。被检查单位负责人接到限期整改通知书后,须制订有针对性的措施,定人、定时间落实整改方案。整改完成后将整改情况反馈至检查组,检查组收到反馈信息后,应立即组织复查,确认合格后予以销项。

③需要整改的问题。

对于检查中发现的"违章指挥、违章作业、违反劳动纪律"现象,应立即制止、当场予以纠正,对现场发现的一般隐患,可口头提出或书面通知,由项目经理落实责任者当场解决。

2. 隐患治理的目标——本质安全

1)本质安全的由来

本质安全是一个外来词,由英文 intrinsic safety 翻译而来。本质安全的概念,是从对本质安全型电气设备的解释演绎扩展而来。最初源于 20 世纪早期的采矿(煤)业,1916 年英国的 W. M. Thoronton 等人提出了本质安全电路设计方法和理论,标志着本质安全理论创立。20 世纪 50 年代在宇航技术等领域,用以指电气系统防止能量释放引起可燃物燃烧的安全性,即固有安全度。此后,国际电工委员会(IEC)采用、制定并发布了本质安全电路等标准。维基百科(英文版)中载明:"本质安全是电气设备在爆炸性环境和非正常工作条件下安全运行的一种保护技术。"

1983 年,国家标准《爆炸性环境用防爆电气设备　本质安全型电路和电气设备"i"》(GB 3836.4—1983) 首次参考 IEC 79-11-76(1976 年第 1 版) 等国际标准,定义了名词术语"本质安全电路"(即在规定的试验条件下,正常工作或规定的故障状态下产生的电火花和热效应均不能点燃规定的爆炸性混合物的电路)和"本质安全型电气设备"(即全部电路为本安电路的电气设备)。2010 年,其系列标准增加了《爆炸性环境　第 18 部分:本质安全系统》(GB 3836.18—2010) 等,仍是指"本质安全电气系统"。

在此基础上,我国交通、煤炭、电力、石油、化工等行业根据本质安全的提法,多从"本质"二字入手,结合各自特点进行了不同的理解、研究和延伸(如由电路到电气设备,到人—机—环境,到安全系统,到全面管理等),提出了相应解释和应用理论,形成了一些本质安全型(化)的概念,如本质安全型设备、本质安全型煤矿、本质安全型企业,甚至本质安全型项目、本质安全型城市等。

互动百科中说:本质安全是指设备、设施或技术工艺含有内在能够从根本上防止发生事故的功能。百度百科解释说:本质安全是指通过设计等手段使生产设备或生产系统本身具有安全性,即使在误操作或发生故障的情况下也不会造成事故的功能。

2)对"本质安全"的再认识

普遍认为"本质安全"是指所有事故都是可以预防和避免的,主要表现是:

(1)人的安全可靠性。不论在何种作业环境和条件下,都要按规程操作。

(2)物的安全可靠性。不论在动态过程中,还是在静态过程中,物始终处在能够安全运行的状态。

(3)环境的安全可靠性。人和物的工作环境始终安全可靠。或者是在生产过程中,不因人的不安全行为或物的不安全状况而发生重大事故。

(4)管理制度的可靠性。强调在生产中科学管理,努力杜绝管理上的失误,不断克服管理上的缺陷。

对"本质安全"理论的研究和实践,要注意克服两个方面的问题:在"本质安全"应用的研究上,对人、机、环境和管理等个体研究多,总体研究少,偏重分别对影响人、机、环境和管理等方面的因素研究,不从系统的观点研究这4个方面耦合后,新的影响因素和实际产生的效果。在"本质安全"理论的研究上,通用性研究多、针对性研究少,以至于"本质安全"理论与实践结合度不高,长期徘徊在理论研究高深莫测,现实管理常用老办法的局面之中。

工程施工过程中影响"本质安全"的要素是哪些?要素之间的关系是什么?正确认识和回答这两个问题,是实现施工过程"本质安全"目标的前提。对于工程项目而言,影响"本质安全"的要素有5个,即人、机、环境、工艺、管理。人、机、环境等要素是基础,工艺要素是纽带,管理要素是手段。

从安全管理学角度,本质安全是安全管理理论的转变,表现为对事故由被动接受到积极事先预防,以实现从源头杜绝事故。

从图3-1可以看出:

(1)人:包括在项目建设现场的各级领导、管理人员和作业人员,其生理、心理、意识和技能是影响人的安全生产的主要因素。

(2)机:生产过程中涉及的设备、设施、装置、工具、材料等,其机器本身的设计和质量水平、安装情况,以及失效和防护自锁装置。

(3)环境:生产过程中的工作和作业环境,包括自然环境(地质、地形、气候等)、作业环境(温度、噪声、粉尘等)。也可以分为硬环境和软环境,硬环境是指生产生活必需的设施、场地或场所,软环境是为安全生产而设置的标志标识等。

(4)工艺:主要包括方案的安全性、规范规程规定的合理性、操作的正确性。

（5）管理：是一个广义的概念，其范围和内容涉及人、机、环境和工艺。主要有制度体系建设（组织、培训、资金）、预案制订和演练、应急救援等。"本质安全"是根本属性安全，安全管理只有朝着"人员无失误、机器无故障、环境无隐患、工艺无缺陷、管理无漏洞"方向努力，才能实现真正意义上的"本质安全"。

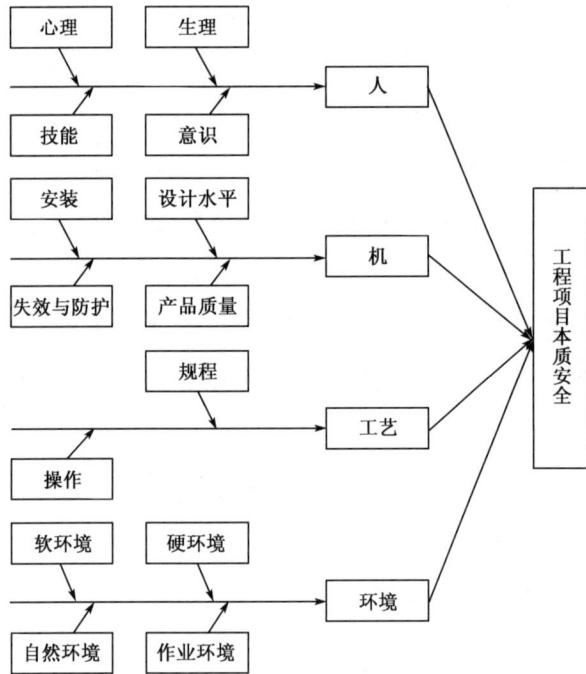

图 3-1　用鱼刺图法分析影响交通建设工程项目安全生产的要素

从几何模型的角度，人、机、环境是点，工艺是线，管理是面。点、线、面有机结合，形成了三位一体的"本质安全"空间屏障。图 3-2 形象地说明了：

（1）人、机、环境是本质安全的三个基本支撑点，工艺的操作使得人、机和环境"三点"相互依赖、相互作用，再通过全过程、全方位的科学管理，实现工程项目的本质安全。

（2）人、物、环境单体的安全可靠是项目本质安全的基础，而管理规范、工艺工序的合理使用是项目本质安全的保证。

（3）人、机、环境、工艺、管理 5 个要素单个安全可靠，但是组成体系后，在空间中不一定就是稳定的屏障，或者说安全可靠性仍有问题。例如，施工队伍中工人的安全意识、身体素质都是不错的，施工设备也是先进的，但是工人技术不熟练，实际上就不安全。由此可见，工艺和管理作为安全屏障的连接体，使各要素间相互协调，是本质安全的必要条件。

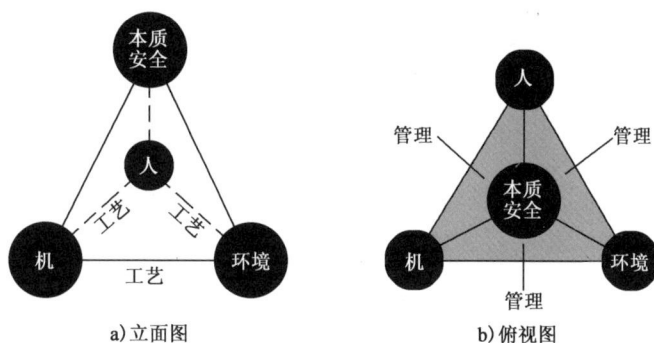

a）立面图　　　　　　　b）俯视图

图 3-2　三位一体的"本质安全"

3）工程建设实现"本质安全"的主要路径

按照对"本质安全"理念的新认识，笔者认为抓好工程建设安全生产工作，首先在管理模式上，由"以事故控制为主线"转变为"以风险控制为主线"；在管理方法上，由"行政管理为主导"转变为"行政管理和技术管理相结合"。简单地说就是，要求企业通过全面控制安全生产的风险，实现对事故的超前预防。依据安全生产的科学性和技术性，寻求事故发生的规律性，运用行政手段强化管理措施。建设工程实现"本质安全"的主要路径有以下几个方面。

（1）树立系统意识，综合排除风险

安全生产是一项系统工程，对于工程建设项目而言，从参与单位看，主要有建设、设计、施工、监理和其他有关单位；从影响因素看，主要有人、机、环境、工艺和管理；从工程内容看，主要有桥梁、隧道、路基、路面、航道和码头。可见，在工程建设中，要以"零事故""零伤亡"为目标，以安全生产管理为主线，合理划分系统，分门别类地进行风险排查。在建立系统和排除风险的过程中，本着"先大后小、先粗后细、先外后内"的原则，注意系统之间的联系，以及系统内部的细节，纵向到位、横向到边，环环相扣、不留盲点。

（2）坚持预防为主，减少事故隐患

"本质安全"实质是预防在先，通过方案设计使生产系统（主要指设备）即使在误操作或发生故障的情况下，也不会发生安全事故。或者说遇到不可抗拒的事故，也能按照事先设计的预案启动运行，将事故损失降低到最小。安全监管通常是现场监督，可见实现工程建设项目的"本质安全"要求，既要注重现场监管，更要把本质安全的理念延伸到前期设计方案、施工工艺的选择和施工安全应急预案中。凡事预则立，不预则废。在建设现场，要突出对人员的培训，严禁"三违"施工；要加强对进场设备的验收和日常检查；要开展环境标准化建设，保证人、机无论是静态还是动态，始终处在一个安全的环境之中。

（3）建立长效机制，提高管理实效

"本质安全"体现在工程建设中是"处处安全、时时安全、人人安全"。面对在工程建设中，经常出现管理单位的"应付情绪"、施工单位的"侥幸情绪"、监理单位的"推诿情绪"，《中华人民共和国安全生产法》第三条强调"强化和落实生产经营单位主体责任与政府监管责任"。因此实现本质安全的最终目标，首先要建立落实责任、分解责任和追究责任的管理机制。其次要认真梳理和总结安全生产管理的经验和教训，在总结中创新、在比较中创新安全生产的管理方法。最后要不断运用现代科学的理论和方法，强化和丰富安全生产的管理手段，做到监管检查制度化、监管内容标准化、监管手段信息化。

3. 风险、隐患、危险与事故

在安全生产管理中，"风险""隐患""危险"与"事故"都是高频词汇。那么，这四个词汇究竟有什么不同？他们之间又有什么联系？我们可以从有关词典、安全管理的书籍，以及网络上查找关于他们的定义和使用语境。

"风险"就是发生不幸事件的概率。从理论上讲，风险是指一个事件产生我们所不希望的后果的可能性，或者是某一特定危险情况发生的可能性和后果的组合。在现实生活中，只要做事情就有风险，只不过是风险大与风险小、可以避免与不可以避免的区别而已。因此，从某种意义上讲，风险是人类活动的固有特性，与人类一切活动相生相伴。安全风险强调的是损失的不确定性，其中包括发生与否的不确定、发生时间的不确定和导致结果的不确定，等等。因此，无论是事件发生的可能性还是所发生事件后果的严重性，都是人们在其发生之前作出的主观预测或判断。

"隐患"就是隐藏在某个条件、事物以及事件中的不稳定并且影响到人、设备或者环境正常活动的因素。2007 年 12 月国家安全生产监督管理总局发布的《安全生产事故隐患排查治理暂行规定》，定义"安全生产事故隐患"为：生产经营单位违反安全生产法律、法规、规章、标准、规程和安全生产管理制度的规定，或者因其他因素在生产经营活动中存在可能导致事故发生的物的危险状态、人的不安全行为和管理上的缺陷。之所以把人的不安全行为、物的不安全状态，或管理上的缺陷称为"隐患"，是因为"隐"字体现了潜藏、隐蔽，"患"即祸患、不好的状况，而无论是人的不安全行为，还是物的不安全状态，在一定条件下都会演变成事故，因此隐患也可以变为"危险源"，或者叫作"危险源"。

"危险"是指材料、物品、设施、系统、工艺或环境对人发生的不期望的后果，或者是超过了人们的心理承受能力。危险的特征在形式上容易可见、可预期；在后果上与安全条件和发生概率有关；在根源上是危险源发展或变化的结果。换句话说，"危险"是看得见的"隐患"。

"事故"一般是指造成死亡、疾病、伤害、损坏或者其他损失的意外情况，或者是发生于预期之外的人身伤害或财产损失的事件，是由于危险因素累积到一定数量发生的质变事件。隐患是一个客观事实，是一个事件。安全需要用系统的状态来描述，然而，描述系统某时空点的状态需要多个参数，隐患只是这些状态参数中的一个且其值超过了人为划定的危险界限。事故也是一个事件，是具有明显后果等显著特征的事件。

举一个例子。焊接工艺是工程建设中常见的工艺，焊接工艺中氧气瓶和乙炔气瓶是施工现场作业常用的特种设备。氧气为助燃气体，乙炔为易燃气体，氧气与乙炔一般分别盛装在氧气瓶和乙炔气瓶中，氧气瓶和乙炔气瓶都属于移动式压力容器。从风险分析的角度出发，焊接工艺存在着容器爆炸、触电和火灾的风险。具体地说，氧气瓶和乙炔气瓶具有自身固有的可爆炸性，不论它们在什么地方这种可爆炸的性质都是客观存在的，此时的氧气瓶和乙炔气瓶只是"风险"，不是"隐患"。施工作业时如果没有把安全距离以及其他管理措施做到位，即氧气瓶、乙炔气瓶应与动火点保持 10m 以上的距离，氧气瓶与乙炔气瓶的距离应保持 5m 以上等相关措施，尽管这种可爆炸性是看不到的、抽象的，我们也可以预判有可能发生爆炸，那么氧气瓶和乙炔气瓶就从"风险"转为"隐患"，我们就可以说此时的氧气瓶和乙炔气瓶是焊接工艺的"隐患"了。如果乙炔气瓶与氧气瓶设置在同一个地点，无安全距离；乙炔气瓶表面温度在 40℃以上，夏天露天作业无遮盖，等等，也就是没有严格按照焊接工艺操作规程去办，那么此时的氧气瓶和乙炔气瓶又从"隐患"转为"危险"了。如果对这些危险因素的管理稍有疏忽，就一定酿成容器爆炸或其他"事故"，当人们感知到爆炸冲击波冲击了周围的物体，或造成了一定的人员伤亡、设备损坏，就是"事故"。

通过上面的论述，我们可以这样理解，风险具有客观存在性和可认知性。隐患主要来源于风险管控的薄弱环节，强调过程管理，通过全面排查发现隐患,通过及时治理消除隐患。例如,当一项计划、工作或活动还没有开始实施,人们对这项计划、工作或活动进行分析论证时,可能出现的危害叫"风险"。当这项计划、工作或活动已经开始实施,对在实施过程中可能出现的危害叫"隐患"或"危险"。那么"隐患"和"危险"的区别实际上就是一个是潜藏的不易发现的危害;另一个则是容易发现的危害,而且危害的后果超过了人们的承受能力。当危险性累积到一定数量或超过相应临界量,造成了物体受损或人员伤亡,量变引起质变发生了一个事件,就是"事故"。

在安全生产管理中,为了预防事故发生,便于分析事故原因,人们在实际工作中将客观存在的危险因素,以及有害物质或能量超过一定限值的设备、设施和场所,常称之为"危险源"。危险源是风险的表象,风险是危险源的属性。即讨论风险必然是涉及哪类或哪个危险源的风险,没有危险源,风险则无从谈起。任何危险源都会伴随着风险。危险源不同,其伴随的风险大小往往不同。

4. 危险源分类

对危险源主要是根据事故类别进行分类。现行的事故类别并不是一种理想的分类。理想的分类应该是在统一的要求下进行,或按专业,或按伤害过程,或按事故原因,以便于管理和分析。现行方法划分的角度有多种。

1) 按诱发事故的人、物和管理一般要素分类

一般来说,危险、有害物质和能量失控主要体现在人的不安全行为、物的不安全状态和管理缺陷三个方面。

人的不安全行为方面,主要有操作失误、安全装置失效、使用不安全设备、手替代工具操作、冒险进入危险场所、攀坐不安全位置、在起吊物下面作业(停留)、机器运转时加油(修理、清扫等)、不安全装束、对易燃易爆品处理错误等。

物的不安全状态方面,主要有防护、保险、信号等装置缺乏或有缺陷,设备、设施、工具等有缺陷,个人防护用品、用具有缺陷,生产(施工)场地环境不良等。

管理缺陷方面,很难像人的不安全行为、物的不安全状态划分那样明确,管理的问题可以说在人的行为、物的状态上都会体现。如对人教育、培训、指示、雇佣选择、行为监测方面的缺陷。

2)按导致事故的直接原因分类

根据《生产过程危险和有害因素分类与代码》(GB/T 13861—2022)的规定(附录1),将生产过程中的危险、有害因素分为4类,即人的因素、物的因素、环境因素和管理因素。

人的因素包括:心理、生理性危险和有害因素,行为性危险和有害因素。

物的因素包括:物理性危险和有害因素,化学性危险和有害因素,生物性危险和有害因素。

环境因素包括:室内作业场所环境不良,室外作业场所环境不良,地下(含水下)作业环境不良,其他作业环境不良。

管理因素包括:职业安全卫生管理机构设置和人员配备不健全,职业安全卫生责任制不完善或未落实,职业安全卫生管理制度不完善或未落实,职业安全卫生投入不足,应急管理缺陷、其他管理因素缺陷。

3)按引起的事故类型分类

参照《企业职工伤亡事故分类》(GB 6441—1986),综合考虑事故的起因物、致害物、伤害方式等特点,将危险源及危险源造成的事故分为20类。

(1)物体打击,是指落物、滚石、锤击、碎裂崩块、碰伤等伤害,包括因爆炸而引起的物体打击。

(2)车辆伤害,是指企业机动车辆在行驶中引起的人体坠落和物体倒塌、飞落、挤压伤亡事故,不包括起重设备提升、牵引车辆和车辆停驶时发生的事故。

（3）机械伤害，是指机械设备运动（静止）部件、工具、加工件直接与人体接触引起的夹击、碰撞、剪切、卷入、绞、碾、割、刺等伤害，不包括车辆、起重机械引起的机械伤害。

（4）起重伤害，是指各种起重作业（包括起重机安装、检修、试验）中发生的挤压、坠落、物体打击（吊具、吊重）和触电。

（5）触电，包括雷击伤害。

（6）淹溺，包括高处坠落、淹溺，不包括矿山、井下透水淹溺。

（7）灼烫，是指火焰烧伤、高温物体烫伤、化学灼伤（酸、碱、盐、有机物引起的体内外灼伤）、物理灼伤（光、放射性物质引起的体内外灼伤），不包括电灼伤和火灾引起的烧伤。

（8）火灾。

（9）高处坠落，是指在高处作业中发生坠落造成的伤亡事故，不包括触电坠落事故。

（10）坍塌，是指物体在外力或重力作用下，超过自身的强度极限或因结构稳定性破坏而造成的事故，如挖沟时的土石塌方、脚手架坍塌、堆置物倒塌等，不包括矿山冒顶片帮和车辆、起重机械、爆破引起的坍塌。

（11）冒顶片帮。

（12）透水。

（13）放炮，是指爆破作业中发生的伤亡事故。

（14）火药爆炸，是指生产、运输、储藏过程中发生的爆炸。

（15）瓦斯爆炸，是指可燃性气体、粉尘等与空气混合形成爆炸性混合物，接触引爆能源时，发生的爆炸事故（包括气体分解、喷雾爆炸）。

（16）锅炉爆炸。

（17）容器爆炸。

（18）其他爆炸。

（19）中毒和窒息，包括中毒、缺氧窒息、中毒性窒息。

（20）其他伤害，是指除上述以外的危险因素，如摔、扭、挫、擦、刺、割伤和非机动车碰撞、轧伤等。

4）按引起的职业病原因分类

职业病是指企业、事业单位和个体经济组织等用人单位的劳动者在职业活动中，因接触粉尘、放射性物质和其他有毒、有害因素而引起的疾病。职业病是一种人为的疾病。它的发生率与患病率的高低，一方面反映疾病预防控制工作的水平，另一方面也反映劳动者的工作条件。因此，在安全生产管理中，应该将职业卫生工作列为一项重要内容，保护和促进劳动者的身体健康。

2024 年 12 月，国家卫生健康委员会等 4 部门联合印发《职业病分类和目录》，将职业病分为职业性尘肺病及其他呼吸系统疾病、职业性皮肤病、职业性眼病、职业性耳鼻喉口腔疾病、职业性化学中毒、物理因素所致职业病、职业性放射性疾病、职业性传染病、职业性肿瘤、职业性肌肉骨骼疾病、职业性精神和行为障碍、其他职业病 12 类。据此将职业病危害因素大体分为粉尘、化学因素、物理因素、放射性因素、生物因素和其他因素6 类。

5）按危险源在事故发生、发展中的作用分类

一般划分为两大类，即第一类危险源和第二类危险源。

第一类危险源是指生产过程中存在的，可能发生意外释放的能量，包括生产过程中各种能量源、能量载体或危险物质。这类危险源决定了事故后果的严重程度。

第二类危险源是指导致能量或危险物质约束或限制措施破坏或失效的各种因素。广义上包括物的故障、人的失误、环境不良以及管理缺陷等因素。这类危险源决定了事故发生的可能性。

在安全生产管理中，第一类危险源客观上已经存在并且在设计、建设时已经采取了必要的控制措施，因此，安全生产管理工作的重点是第二类危险源的控制问题。也就是说，人的不安全行为、物的不安全状态和安全监管缺陷等是第二类危险源,这恰与隐患定义相吻合,可以说隐患就是危险源中的第二类危险源。

5. 危险源识别

1)危险源识别的方法

识别施工现场危险源的方法有许多,如现场调查、工作任务分析、安全检查表、危险与可操作性研究、事件树分析、故障树分析等。现场调查法是安全管理人员采取的主要方法。

(1)现场调查方法。通过询问交谈、现场观察、查阅有关记录,获取外部信息,加以分析研究,可识别有关的危险源。

(2)工作任务分析。通过分析施工现场人员工作任务中所涉及的危害,可识别出有关危险源。

(3)安全检查表。运用编制好的安全检查表,对施工现场和工作人员进行系统的安全检查,可识别出存在的危险源。

(4)危险与可操作性研究。危险与可操作性研究是一种对工艺过程中的危险源实行严格审查和控制的技术。它是通过指导语句和标准格式寻找工艺偏差,以识别系统存在的危险源并确定控制危险源风险的对策。

(5)事件树分析。事件树分析是一种从初始原因事件起,分析各环节事件"成功(正常)"或"失败(失效)"的发展变化过程,并预测各种可能结果的方法,即逻辑分析判断方法。应用这种方法,通过对系统各环节事件的分析,可识别出系统的危险源。

(6)故障树分析。故障树分析是一种根据系统可能发生的或已经发生的事故结果,去寻找与事故发生有关的原因、条件和规律。通过这样一个过程分析,可识别出系统中导致事故的有关危险源。

上述危险源识别方法从着眼点和分析过程上,都有其各自的特点,也有各自的适用范围或局限性。因此,安全管理人员在识别危险源的过程中,往往使用一种方法还不足以全面地识别其所存在的危险源,必须综合地运用两种或两种以上的方法。

2）危险源辨识的步骤

（1）划分作业活动；

（2）危险源辨识；

（3）风险评价；

（4）判断风险是否容许；

（5）制订风险控制措施和计划。

3）危险源识别应注意的问题

（1）从范围上，应包括施工现场内受到影响的全部人员、活动与场所，以及受到影响的社区、排水系统等，也包括分包商、供应商等相关方的人员、活动与场所等的影响。

（2）从状态上，应考虑以下三种状态：

①正常状态，指固定、例行性且计划中的作业与程序；

②异常状态，指在计划中，但不是例行性的作业；

③紧急状态，指可能或已发生的紧急事件。

（3）从时态上，应考虑到以下三种时态：

①过去，以往发生或遗留的问题；

②现在，现在正在发生的，并持续到未来的问题；

③将来，不可预见什么时候发生且会对安全和环境造成较大影响的问题。

（4）弄清危险源伤害与影响的方法或途径。确认危险源伤害与影响的范围，要特别关注重大危险源与重大环境因素，防止遗漏。对危险源与环境因素保持高度警觉，持续进行动态识别。要充分发挥全体员工对危险源识别的作用，广泛听取意见和建议。

6. 隐患（危险源）排查内容与方法

隐患，本身就是一种潜藏着的因素，在一定的条件下会影响到个人、他人或财物的安全。因此,只有通过一些适用的方法、技术手段、科学原理等进行分析把它充分地识别出来,并加以评价,看其对人或物的影响是否控制在可接受风险的范围内,才能更好地了解其危险特性,制订出有效的风险控制措施。正如行军打仗一样,知己知彼才能百战百胜。可见,开展危险源辨识与风险评价和控制就是一种很好的方法。20 世纪 70 年代以来,由于重大工业事故不断发生,预防和控制重大工业事故已成为各国经济和技术发展重点研究对象之一,危险源辨识引起了国际社会的广泛关注。1993 年 6 月第 80 届国际劳工组织大会通过了《预防重大工业事故公约》和建议书。该公约要求各成员国制定并实施重大危险源辨识、评价和控制的国家政策,预防重大工业事故发生。20 世纪 90 年代初,我国开始重视对重大危险源的辨识、评价和宏观控制决策方面研究。

1)隐患排查的主要内容

根据本单位生产经营特点,定期组织安全生产管理人员、专业技术人员和其他相关人员排查隐患。安全隐患大体可分为基础管理、现场管理和应急管理三大类。对于基础管理类的隐患,主要通过查阅资料的方法排查;对于现场管理类的隐患,则要进行作业现场实地核查;对于应急管理类的隐患,重点检查预案的完整性、可行性,以及培训、演练和更新是否到位。具体排查下列主要方面:

(1)安全生产法律、法规、规章制度和操作规程的贯彻落实情况;

(2)劳动防护用品的配备、发放和使用情况;

(3)重大危险源普查建档、风险辨识、监控预警情况;

(4)危险作业、有限空间作业、粉尘作业场所等现场安全管理情况;

(5)从业人员安全教育培训、作业人员持证上岗情况;

(6)应急救援预案制订、演练,应急救援物资、设备的配备情况;

(7)设施、设备的使用、维护和保养情况以及工艺变化情况;

（8）其他需要排查的事项。

交通运输部、住房城乡建设部等国家相关行业管理部门，为了有效防范可能导致群死群伤或造成重大经济损失的生产安全重大事故，提出了一系列精准、简洁的工程生产安全重大事故隐患判定标准（以下简称"标准"）。县级及以上人民政府主管部门、施工安全监督机构在监督检查过程中可依照颁布的标准，直接判定建设工程中生产安全重大事故隐患。

标准适用于新建、扩建、改建、拆除等工程的生产安全重大事故隐患的判定。强调了在施工安全管理中，施工企业未取得安全生产许可证擅自从事施工活动或超（无）资质承揽工程、未按照规定要求足额配备安全生产管理人员等行为，判定为重大事故隐患。施工单位主要负责人、项目负责人、专职安全生产管理人员无有效安全生产考核合格证书从事相应工作，判定为重大事故隐患。在有限空间作业时，未履行"作业审批制度"，未对施工人员进行专项安全教育培训，作业时现场无专人负责监护工作，判定为重大事故隐患。使用国家明令禁止和限制使用的危害程度较大、可能导致群死群伤或造成重大经济损失的施工工艺、设备和材料，判定为重大事故隐患。

2）隐患排查的常用方法

排查事故隐患可以采用企业自查、委托为安全生产提供技术或者管理服务的机构排查、负有安全生产监督管理职责的部门监督检查等方式。无法明确责任单位的事故隐患，由所在地县级人民政府确定有关单位负责排查治理。隐患排查工作可与企业各专业的日常管理、专项检查和监督检查等工作相结合，不重复检查、不留检查盲点。

（1）日常隐患排查

日常隐患排查是指班组、岗位员工的交接班检查和班中巡回检查，以及基层单位领导和工艺、设备、电气、仪表、安全等专业技术人员的日常性检查。日常隐患排查要加强对关键装置、要害部位、关键环节、重大危险源的检查和巡查。

（2）综合性隐患排查

综合性隐患排查是指以保障安全生产为目的,以安全责任制、各项专业管理制度和安全生产管理制度落实情况为重点,各有关专业和部门共同参与的全面检查。

（3）专业性隐患排查

专业性隐患排查主要是指对区域位置及总图布置、工艺、设备、电气、仪表、储运、消防和公用工程等系统分别进行的专业检查。

（4）季节性隐患排查

季节性隐患排查是指根据各季节特点开展的专项隐患检查,主要包括:春季以防雷、防静电、防解冻泄漏、防解冻坍塌为重点;夏季以防雷暴、防设备容器高温超压、防台风、防洪、防暑降温为重点;秋季以防雷暴、防火、防静电、防凝保温为重点;冬季以防火、防爆、防雪、防冻防凝、防滑、防静电为重点。

（5）重大活动及节假日前隐患排查

重大活动及节假日前隐患排查主要是指在重大活动和节假日前,对装置生产是否存在异常状况和隐患、备用设备状态、备品备件、生产及应急物资储备、保运力量安排、企业保卫、应急工作等进行的检查,特别是要对节日期间干部带班值班、机电仪保运及紧急抢修力量安排、备件及各类物资储备和应急工作进行重点检查。

（6）事故类比隐患排查

事故类比隐患排查是对企业内和同类企业发生事故后的举一反三的安全检查。不管别的单位出了问题,还是本单位在某个问题上出了差错,都要及时把它当作一面镜子,衍射到安全生产管理的方方面面,反复查找事故原因。不能就事论事、就事查事,否则,只能是"头痛医头,脚痛医脚",达不到"一人生病,大家预防"的目的。

7. 隐患（危险源）治理原则与路径

隐患排查与治理是企业安全管理的基础工作,是企业安全生产标准化风险管理的重点内容,应按照"谁主管、谁负责"和"工程技术措施与管理措施并用"的原则,明确职责,建立健全企业隐患排查治理制度和保证制度有效执行的管理体系,努力做到及时发现、及时消除各类安全生产隐患,保证企业安全生产。

生产经营单位是事故隐患排查治理的责任主体,应当建立全员负责的事故隐患排查治理体系。生产经营单位主要负责人是本单位事故隐患排查治理的第一责任人,其他负责人在职责范围内承担责任。生产经营单位的安全生产管理机构以及安全生产管理人员是本单位事故隐患排查治理的具体责任人。

生产经营单位应当建立事故隐患排查治理台账,记录排查事故隐患的人员、时间、部位或者场所,事故隐患的具体情形、数量、性质和治理情况;对重大事故隐患排查治理情况,应当建档管理。

1) 隐患治理方案

隐患治理的指导思想是:分级负责、分类治理。对于一般事故隐患,由企业[基层车间、基层单位(厂)]负责人或者有关人员立即组织整改。对于重大事故隐患,企业要结合自身的生产经营实际情况,确定风险可接受标准,评估隐患的风险等级。由企业主要负责人组织制订并实施事故隐患治理方案。重大事故隐患治理方案应包括:

(1)治理的目标和任务;

(2)采取的方法和措施;

(3)经费和物资的落实;

(4)负责治理的机构和人员;

(5)治理的时限和要求;

(6)防止整改期间发生事故的安全措施。

2) 隐患治理管理

(1)建立隐患档案

事故隐患治理方案、整改完成情况、验收报告等应及时归入事故隐患档案。隐患档案应包括以下信息:隐患名称、隐患内容、隐患编号、隐患所在单位、专业分类、归属职能部门、评估等级、整改期限、治理方案、整改完成情况、验收报告等。事故隐患排查、治理过程中形成的传真、会议纪要、正式文件等,也应归入事故隐患档案。

(2)隐患报告制度

企业应当定期通过"隐患排查治理信息系统"向属地安全生产监督管理部门和相关部门上报隐患统计汇总及存在的重大隐患情况。重大事故隐患报告的内容应当包括:

①隐患的现状及其产生原因;

②隐患的危害程度和整改难易程度分析;

③隐患的治理方案。

(3)隐患治理监管

监管是隐患治理的一个重要环节。通常把监管分为内部监管和外部监管两类。内部监管是企业安全生产保证体系的一部分,外部监管主要是来自政府有关部门或单位。监管的主要内容是整改措施的规范性、符合性和有效性,即隐患治理程序是否到位、现场整改措施是否符合方案要求、整改后的情况是否有效。

(4)隐患治理检查

负有安全生产监督管理职责的部门应当依法对生产经营单位执行安全生产法律、法规和国家标准或者行业标准情况,以及隐患排查的整改等情况进行监督检查,并如实书面记录检查时间、地点、内容、发现的问题及其处理情况。

对在检查中发现的隐患或问题,检查者自己首先要举一反三,想一想这样的问题如果再任其发展会带来什么严重后果?存在这样的问题的工艺或工序在这个项目中是否还存在?项目管理者对这样的问题的重视程度如何?然后检查者根据分析和判断问题的性质和严重性,提出处理意见和措施。

对检查中发现的事故隐患未整改到位的,应当责令立即排除。对重大事故隐患,实行挂牌督办、跟踪督办,明确相关生产经营单位的整改任务、措施、时限以及牵头督办部门的责任,并向社会公布。

隐患的数量与严重程度,不仅揭示了事物的安全状况,也映射了安全管理的成效。因此,要牢牢树立安全生产管理的对象是风险和隐患、关键是排查与治理隐患、终极目标是"本质安全"、实现零事故的管理思想。目前,安全生产管理的基本策略是落实"双重预防机制",即紧紧抓住隐患排查、分级负责、隐患治理、检查总结四个主要环节,通过风险分级管控与隐患排查治理相结合的方式,来构筑安全生产的防线。

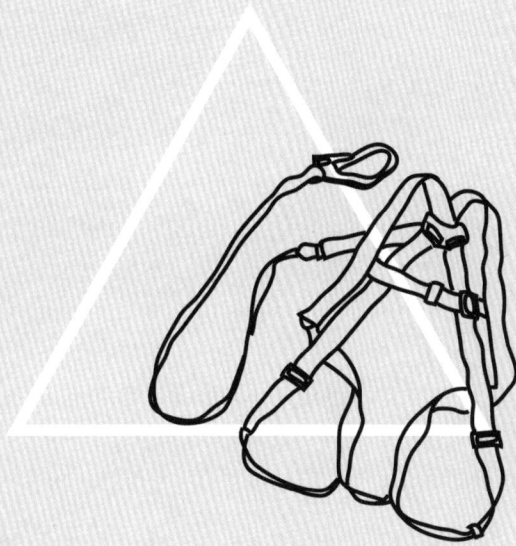

施工安全风险管理是一门技术，关键环节是策划→预案→预控→预警→检查；核心要素是建制、教育、评估、防控、档案。关键环节是管理主线，核心要素始终融于各环节之中。

四、谈管理

■ ■ ■ ■

安全第一、预防为主、综合治理，是我国安全生产管理的总方针，也是我们对安全生产管理规律的基本认识，对于指导安全生产工作具有重大和深远的意义。认真落实这一方针，是搞好安全生产，保障从业人员的生命安全健康，保障企业的生产经营顺利进行的根本要求。

安全第一、预防为主、综合治理是一个完整的体系，是相辅相成、辩证统一的整体。安全第一是目标，预防为主是手段，综合治理是方法。安全第一是预防为主、综合治理的统帅和灵魂，没有安全第一的思想，预防为主就失去了思想支撑，综合治理就失去了整治依据。预防为主是实现安全第一的根本途径。只有把安全生产的重点放在建立事故预防体系上，超前采取措施，才能有效防止和减少事故。只有采取综合治理，在生产中全员参加、多部门配合，才能实现人、机、物、环境的统一，实现本质安全，真正把安全第一、预防为主落到实处。

随着科学技术的发展，工程类型越来越多，生产工艺越来越复杂，工艺条件要求越来越高，因此潜伏的危险性也就越来越大，对安全生产的要求也越来越高。安全第一、预防为主、综合治理是我们开展安全生产管理工作总的指导方针，在这一方针的指导下，无论采用什么方法、什么措施，最核心也是最根本的就是"管理"。

1. 管理学导论与管理方法

毛泽东在《矛盾论》中说过,外因是变化的条件,内因是变化的根据,外因通过内因而起作用。运用唯物辩证法的观点,把安全管理的要求转变为一线管理人员和操作人员的自觉行动,使得他们想安全、懂安全、会安全,这就是我们安全管理所期望达到的目标。但是,实际工作中特别是在安全生产的管理中,要达到这样的管理境界,对于我们现阶段的生产能力、人员素质和企业管理水平还是有相当大的差距。从人的本性上讲,想自由、图舒适是与生俱来的。安全管理就需要对人有种约束,从某种程度上看就是不够自由、不够舒适。比如说,驾驶人开车要系安全带,大家都知道这是为了自己的安全。但是,就是有人一开始不习惯,因为系上安全带就有被绑在座椅上的感觉,不够舒适,失去了不系安全带的自由。再比如,进入工地要戴安全帽,高空作业要系上安全带,但是在工地上就有一些人不按规定做,也是觉得安全帽扣在头上不舒适,安全带固定在构件上行动要受到限制。再从生产企业的目标上讲,利润最大化始终是企业的最高目标。现阶段有不少企业负责人不算大账算小账,只顾赚钱不讲公德,在安全生产经费的投入上总是抱着侥幸的心理,能省则省,不能省的也睁一只眼闭一只眼想方设法去省。因此,从人性、法制和安全生产的效果看,依法治理、强化管理是做好安全生产的关键。

1)管理的定义与作用

一般来说,管理是指在特定的环境条件下,以人为中心,对组织所拥有的资源进行有效的决策、计划、组织、领导、控制,以便达到既定组织目标的过程。

关于"管理"的研究,可谓学术流派多、种类方式多,特别是随着科学技术的发展,社会经济活动空前活跃,市场需求瞬息万变,社会关系日益复杂,使得每一位管理者时刻都会遇到新情况、新问题,管理创新的速度在不断加快。我们抛开一些深奥的理论、一些时尚的提法,从最基本的概念出发,任何一种管理活动都必须由以下4个基本要素构成,即管理主体、管理客体、组织目的、组织环境或条件。其中管理主体指由谁管,管理客体指管什么,组织目的指为何而管,组织环境或条件指在什么情况下管。

管理的任务是设计和维持一种环境,使在这一环境中工作的人们能够用尽可能少的支出实现既定的目标,或者以现有的资源实现最大的目标。具体细分为4种情况:产出不变,支出减少;支出不变,产出增多;支出减少,产出增多;支出增多,产出增加更多。这里的支出包括资金、人力、时间、物料、能源等的消耗。总之,管理基本的原则是"用力少,效率高,效果好"。

2)管理的效率与效益

管理效率是指以尽可能少的投入获得尽可能多的产出。效率通常指的是正确地做事,即不浪费资源。但仅仅有效率是不够的,我们还应该关注效果,也就是完成活动以便达到组织的目标。管理效果通常是指实现组织目标的程度。可见效率是关于做事的方式,而效果涉及结果,或者说达到组织的目标。因此管理者不能只是关注达到和实现组织目标,也就是关注效果,还应该尽可能有效率地完成组织工作。在成功的组织中,高效率和高效果是相辅相成的,而不良的管理通常既是低效率的也是低效果的,或者虽然有效果但却是低效率的。可见,管理的意义,就在于更有效地开展活动,改善工作,更要满足安全生产的需要,提高安全管理的效果。如图4-1所示,管理效果和管理效率的各种组合,说明了两个概念的相关性。

彼得·德鲁克(Peter F. Drucker)在《管理——任务、责任、实践》一书中写道:"管理是一种工作,它有自己的技巧、工具和方法;管理是一种器官,是赋予组织以生命的、能动的、动态的器官;管理是一门科学,一种系统化的并到处适用的知识;同时管理也是一种文化。"

图 4-1　管理效果和管理效率的组合

3）管理学的基本理论

管理的意义，就在于更有效地开展活动，改善工作，更有效地满足安全生产的需要，提高安全管理的效果。从另一个角度来说，管理的效果又取决于管理者的方法和人品。

（1）古典管理理论（Classical Approach to Management）。古典管理理论是最早尝试把管理思想发展成体系的成果。古典管理理论建议管理者不断努力提高管理效率，以便增加产出。虽然这一理论的基础是过去形成的，但今天的管理者与他们的前辈一样关注找到完成工作的"最佳方案"。

古典管理理论分成两大领域。第一个领域是低层级管理分析，主要研究组织低层级工人的工作。第二个领域是综合管理分析，即把管理职能作为一个整体来考虑。图 4-2 说明了古典管理理论的两大领域。

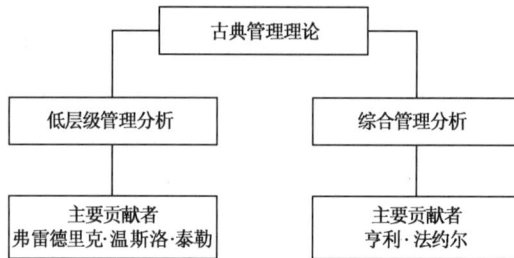

图 4-2　古典管理方法的两大领域

弗雷德里克·温斯洛·泰勒（1856—1915）是低层级管理分析的主要代表，被公认为"科学管理之父"。他的主要目标是通过科学的设计工作来提高工人的效率。他的基本逻辑是,做每项工作都有相应的最佳方法,应该找到这种方法并付诸实践。

亨利·法约尔(1841—1925)是综合管理分析的主要代表。由于他在管理要素和一般管理原则方面的著述,亨利·法约尔通常被认为是行政管理理论的先驱。他概括出的管理要素:计划、组织、指挥、协调和控制,仍被认为是研究、分析和影响管理过程的有价值的划分标准。

古典管理理论的贡献者之所以信心百倍地撰写他们的管理经验,大多缘于他们享有的成功。准确地定义管理者的角色,把工作安排合理有效,大大提高了生产力。泰勒和法约尔等人将这些迅速记录了下来。然而,古典管理理论并没有充分重视人的因素,今天的人似乎并不像 19 世纪的人那样为资金所动。普遍的共识是,古典管理理论欠缺关键的人际因素,如冲突、沟通、领导和激励。

(2)行为管理理论(Behavioral Approach to Management)。一般认为行为管理理论始于1924—1932 年间进行的一系列研究,在西方电气公司位于芝加哥的霍桑工厂研究工人的行为和态度,即著名的"霍桑试验"。

行为管理是作为综合管理技能的一个主要方面提出来的。它强调在解决组织问题时,管理者应把行为视角融入问题的分析和解决中,强调加强对员工的了解。这一理论认为,如果管理者了解他们的员工并使组织适应员工,那么组织一般就会取得成功。

国外有一个团队曾经对新加坡施工现场经理可以采取哪些措施鼓励工人们的安全行为进行了调研。在某个施工现场,工人们经常遭受包括坠落、被重物击中、被烧伤、爆破等导致身体受伤。许多经理认为工人们"不知道""不关心"什么是安全行为,以及如何做到安全。他们想鼓励工人们采取安全行为,以便项目更容易如期完工,同时最大限度地降低工人受伤导致的医疗成本。

研究者们调查了新加坡建筑承包商的观点,看看他们认为有什么有效的手段促进建筑工人采取安全行为。这项调查的重点是了解促使工人采取安全行为的三种可能手段：①对工人的安全行为进行奖励；②对员工的危险行为进行惩戒（或处罚）；③对工人进行在施工现场如何保持安全的培训。在这项调查中，惩戒（discipline）是指当员工采取危险行为时给予他们不想要的结果，如处以罚款、临时停职、降职等。

从这项调查研究的报告中，可以得出奖励、惩戒和培训是行为管理的主要措施。从我国交通安全治理"酒驾"的经验中，还可以得出一个结论：惩罚一个人可以教育一群人，惩戒效果好于奖励。

（3）管理科学理论（Management Science Approach）。"管理科学"这个词是由加州大学洛杉矶分校与兰德公司（UCLA-RAND）学术综合体的研究者们创造的。这一理论认为，管理者能利用科学方法和数学工具解决运营的问题，从而最大限度地改善组织。

（4）权变管理理论（Contingency Approach to Management）。权变管理理论并不是新的概念。其主要观点是：管理者要成功地应用管理概念、原则和方法，就必须考虑他们面临的具体组织情境的实际情况。强调管理者的实际行动取决于或者说离不开一组给定的情况，即情境。实质上，该理论强调的是"如果—那么"关系。"如果"这种情境存在，"那么"管理者可能会采取这种行动。

（5）系统管理理论（System Approach to Management）。从事物理学和生物学研究的科学家路德维希·冯贝塔朗菲（Ludwig Von Bertalanffy）被公认为是一般系统论的创立者。该理论的主要观点是，要完成了解一个实体的运行，就必须把该实体视为一个系统，这个系统可能由一个或多个相互联系、相互依存的子系统组成。

4）管理分析的主要方法

管理思想与理论自20世纪初出现以来，一直随着各行各业管理工作的深化而不断发展。特别是从20世纪中后期开始，涌现出大量的来自高等学府以及高级管理者的著作、论文和经验总结，以此为理论基础的各种不同的管理分析方法也层出不穷。下面介绍几种常用的管理分析方法：案例法、组织行为法、系统法、数学法、随机制宜法、管理任务法、麦金西7S法。

这里我们不能详细地介绍和讨论所有的管理方法,但是可以大体描述这些方法的基本观点。灵活地运用这些基本管理理论和方法,可以有效地帮助和指导我们安全管理的实践。

(1)案例法

案例法也是经验法,通常是基于个别案例中的成功和失败的经验和教训,通过比较和研究,可为其他类似工作提供启发和借鉴。这种方法在管理中尽管较为常用,但是具有一定的局限性。因为经验对于管理这种复杂和广泛的课题肯定是有局限性的,如果将经验用哲学中普遍性的观点加以总结和提炼,那么这种经验的指导性就更强了。

(2)组织行为法

组织行为法是建立在组织行为学的基础上,研究组织中人的心理和行为表现及其客观规律,提高管理人员预测、引导和控制人的行为的能力,以实现组织既定的目标。在安全生产管理中,我们的许多问题都来自组织的管理模式、个人的工作态度与愿望。因此,倡导良好的工作风气,激发人们的工作热情,提高个人的业务素质,应该是做好管理的极其重要的条件。

(3)系统法

系统法在管理理论与实践中占有非常重要的地位,运用这个方法研究和分析问题,大的思路就是"化整为零"与"集零为整"。"化整为零"是把一个庞大或复杂的事物,按照一定的属性分类进行个性化分析与管理。"集零为整"是把一类一类的问题,再综合形成一个整体后进行总体分析与管理。

(4)数学法

通过对事物的逻辑分析,运用数学概念、程序、符号,建立数学模型。这种方法可以将各种问题用一些基本关系式表示出来,以便得出最佳答案,提出管理决策。数学法对于简化和求解复杂的问题能够提供有力的逻辑工具和定量的分析答案。但是管理工作是复杂多变的,不能把这种方法看成是一种独立的管理方法,还要辅助于专家经验。

(5)随机制宜法

管理者在实际中所做的决策,要取决于既定的客观环境,而且还要考虑这个决定对其他管理组织和相关事态的影响。管理是科学,也是艺术。科学讲究原则性,艺术讲究灵活性,有效的管理是原则性与灵活性的结合。

（6）管理任务法

管理任务法就是根据任务性质,明确完成单位或部门的职能与个人的职责。单位间的职能与个人间的职责尽量不要交叉。对于一个部门或一个人不能完成的某些工作,要明确牵头单位（人）和协助单位（人）,牵头单位（人）是责任主体。

（7）麦金西 7S 法

麦金西 7S 法是一个管理体系,是由麦金西企业咨询公司提出和推行的。7S 是指:策略（Strategy）、结构（Structure）、系统（Systems）、作风（Style）、人员（Staff）、共有价值观（Shared Values）、技巧（Skills）。麦金西 7S 法的显著特点就是在运用系统管理的基础上,指出了管理工作中的关键方面。

2. 安全管理是一门技术

回顾我国安全管理走过的历程会清晰地看到,过去采用行政管理的手段多,技术管理的理论少,依法管理的规章少。

1）从安全管理方法的沿革来看

所谓安全生产管理,就是针对人们在生产过程中的安全问题,运用有效的资源,通过人们的努力,进行有关决策、计划、组织和控制等活动,实现生产过程中人与机器设备、物料、环境的和谐,达到安全生产的目标。安全科学的研究目标是将生产过程中所发生损害的可能性或者损害的后果,通过安全管理措施,将其控制在绝对最低限度内,或者至少使其保持在可容许的限度内。

随着人类社会和生产技术的进步,安全生产理论体系的发展从低级走向高级,从落后走向科学,经历了三个具有代表性的阶段:工业社会至 20 世纪 50 年代,主要发展了事故学理论;20 世纪 50—80 年代,发展了危险分析与风险控制理论;20 世纪 90 年代至今,现代的安全科学原理初见端倪,正在不断地发展和完善之中。现代安全科学理论强调本质安全化,本质安全化包括人的本质安全化、物的本质安全化和环境的本质安全化。人的本质安全化是指不但要提高人的知识、技能、意识等方面的素质,还要从人的观念、伦理、情感、态度、认知、品德等人文素质入手,从而提出安全文化建设的思路;物的本质安全化和环境的本质安全化是指要采用先进的安全科学技术,推广自组织、自适应、自动控制与闭锁的安全技术。

2)从我国安全生产管理的措施来看

我国安全生产管理的对策主要体现在法律法规、工程技术、行政管理三个方面。法律法规对策是从法制的层面上规范了单位在安全生产中的职责和任务,明确了个人在安全生产中的权利和义务。《中华人民共和国安全生产法》是全面规范我国安全生产工作的综合性大法。国务院颁布的有关安全生产的行政法规,国务院有关部门颁布的规章,各省、自治区、直辖市颁布的地方性法规以及安全生产标准,构成了我国安全生产法律法规体系。工程技术对策是安全生产治本的一项重要举措,用可靠的技术方案、先进的科学技术和设备提高物的本质安全性。行政管理对策能发挥单位建章立制的作用,通过制度约束、教育培训、检查指导等形式,提高人的安全意识以及安全生产的自觉性。

PDCA工作方法是安全生产管理的常用方法。PDCA循环是美国质量管理专家沃特·阿曼德·休哈特(Walter A. Shewhart)首先提出的,由戴明采纳、宣传,获得普及,所以又称戴明环。全面质量管理的思想基础和方法依据就是PDCA循环。PDCA循环的含义是将质量管理分为四个阶段,即Plan(计划)、Do(执行)、Check(检查)和Act(处理)。在质量管理活动中,要求把各项工作按照作出计划、计划实施、检查实施效果,然后将成功的纳入标准,不成功的留待下一循环去解决。这一工作方法符合安全生产管理工作的一般规律,实践证明也是安全生产管理的有效方法和措施。

3)从安全管理的基本原理来看

(1)系统原理

系统原理是现代管理学的一个最基本的原理。它是指人们在从事管理工作时,运用系统理论、观点和方法,对管理活动进行充分系统的分析,以达到管理的优化目标,即用系统论的观点、理论和方法来认识和处理管理中存在的问题。

所谓系统是指由相互作用和相互依赖的若干部分组成的有机整体。任何管理对象都可以作为一个系统。系统可以分为若干个子系统,子系统可以分为若干个要素,即系统是由要素组成的。

安全生产管理是生产管理的一个子系统。如果把安全生产管理作为一个系统,它又由若干个子系统组成,包括各级安全管理人员、安全防护设备与设施、安全管理规章制度、安全生产操作规范和规程以及安全生产管理信息等。安全贯穿于生产活动的方方面面,安全生产管理是全方位、全天候,且涉及全体人员的管理。

高效的现代安全生产管理,必须在整体规划下明确分工,在分工基础上有效综合。企业管理者在制订整体目标和进行宏观决策时,必须将安全生产纳入其中,在考虑资金、人员和体系时,都必须将安全生产作为一项重要内容予以考虑。

（2）人本原理

在管理中必须把人的因素放在首位,体现以人为本的指导思想,这就是人本原理。以人为本有两层含义:一是人的生命是最宝贵的,生产活动的目的是满足人对幸福生活的需求;二是一切管理活动都是以人为本展开的,人既是管理的主体,又是管理的客体,每个人都处在一定的管理层面上,离开人就无所谓管理。管理中应用科学的方法,体现尊重人、激励人、约束人的原则,使其充分发挥积极性、主动性和创造性。

（3）预防原理

安全生产管理工作应该做到预防为主。通过有效的管理和技术手段,在可能发生人身伤害、设备或设施损坏和环境破坏的场合,事先采取措施,防止事故发生,减少和防止人的不安全行为和物的不安全状态,这就是预防原理。

事故的发生是许多因素互为因果连续发生的最终结果。只要诱发事故的因素存在,发生事故是必然的,只是时间或迟或早而已,这就是因果关系。

因此,无论事故何时发生,无论事故损失大小,进行隐患排查和整改,做好预防工作都是必要的。

(4)强制原理

采取强制管理的手段控制人的意愿和行为,使个人的活动、行为等受到安全生产管理要求的约束,从而实现有效的安全生产管理,这就是强制原理。所谓强制,就是绝对服从,不必经被管理者同意便可采取控制行动。

安全第一,就是要求在进行生产和其他工作时将安全工作放在一切工作的首要位置。当生产和其他工作与安全发生矛盾时,要以安全为主,生产和其他工作要服从于安全,这就是强制要求安全第一。

通过上述分析可以得出以下三个结论:

一是安全生产管理是管理的重要组成部分,是安全科学的一个分支,是一门技术。这门管理技术是以管理的基本科学和理论为核心,综合运用法学、社会学、组织行为学、心理学、生理学、经济学、数学和工程技术学等学科理论(图4-3),安全管理者只有根据工程实际情况,或粗或细、或多或少运用好这些理论知识,才能科学地进行安全生产管理。

二是安全管理技术是以"本质安全"为出发点,必须综合运用技术、行政和执法等管理手段,采用管理学理论的基本方法,妥善开展相关决策、计划、组织和控制等活动,打好"组合拳",才能实现本质安全管理目标(图4-4)。

图4-3 安全生产管理理论

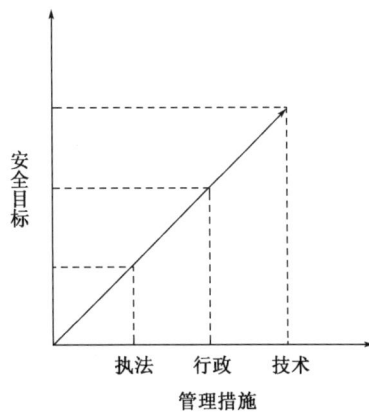

图4-4 安全目标-管理措施关系

三是系统工程管理的理念与方法贯穿于安全管理技术的始终。就是说安全管理技术仅是提供一种思路与方法，做好安全管理工作，必须要"纵向到底，横向到边"，需要全过程、全方位的管理。

3. 施工安全管理技术要素

"施工安全管理技术要素"这个标题本身就有歧义，按照管理学理论：管理技术要素是决策、计划、组织和控制等；按照本质安全要求：管理技术要素是人、设备、工艺和环境等。依据上述两个方面的管理思想，结合施工安全管理实际，我们可以得出以下结论：施工安全风险管理的本质为无形的安全目标，形式是有效的具体措施。尽管施工安全管理的模式多种多样，每个管理者对安全管理都有各自的经验和看法，但也有其共性。为了便于研究和操作，提出两个概念：一是施工安全管理技术的核心要素是建制、教育、评估、防控、档案。二是施工安全管理技术的关键环节是策划、预案、预控、预警、检查。关键环节是管理的主线，不断循环，核心要素融入各环节之中，在不同的环节或环境中，以不同的形式表现。（本章着重谈安全管理技术的要素内容，安全管理技术的关键环节内容将在以后的章节中详细介绍）。

1）管理技术要素之一——建制

制度建设是一个老生常谈的话题，也是一个常谈常新的话题。关于对制度的理解，这里分享两个故事。

第二次世界大战期间，美国空军降落伞的合格率为99.9%，这就意味着从概率上来说，每一千个跳伞的士兵中会有一个因为降落伞不合格而丧命。军方要求厂家必须让合格率达到100%才行。厂家负责人说他们竭尽全力了，99.9%已是极限，除非出现奇迹。军方（也有人说是巴顿将军）就改变了检查制度，每次交货前从降落伞中随机挑出几个，让厂家负责人亲自跳伞检测。从此，奇迹出现了，降落伞的合格率达到了100%。

还有一个故事,在日本某高级酒店,检测客房抽水马桶是否清洁的标准是:由清洁工自己从马桶中舀一杯水喝一口。可以想象,这样的马桶会干净到什么程度。

一个是对产品合格率的检查,一个是对抽水马桶清洁度的检查,两个检查内容不一样、要求不一样,但是给出的结论是一样的。那就是制度一定要严!严的师傅面前能出高徒,严的制度下面能出实效。

我们在安全生产管理制度建设方面容易存在三个突出问题,一是制度建设总体考虑不够,缺少顶层设计,制度建设碎片化,头痛医头、脚痛医脚,一边是规定条文重复、矛盾,一边是实际管理工作出现缺位和盲点。二是制度建设上下衔接不够,经常是在制度层面上有了一个总要求、总规定,但是如何实施,却没有下文,以至于制度满天飞、空话到处讲,特别是一些管理者的讲话和要求,总是放之四海而皆准。三是制度建设执行不够,为什么执行不够?这里有制度的设计不务实的原因,也有制度的落实与否无关紧要,缺少责任追究的原因。

回到安全管理制度如何建设这个问题。首先从制度体系上布局:按照管理工作的性质可分为技术管理、行政管理和执法管理三个方面。技术管理主要是技术标准、操作规程、施工方案和行为准则等;行政管理主要是机构设置、人员培训、经费使用、档案资料和检查评比等;执法管理主要是监督检查、奖励惩罚、信用评价等。按照管理工作的过程,分为开工前的条件审查、施工过程中的安全管理。开工前的条件审查分为总体开工和专项开工两种,开工前的条件审查主要是审查参建单位安全管理的能力(有关资质),安全生产管理的组织建设、制度建设,施工现场的生产条件等。施工过程中的安全管理内容较多,可以从安全生产涉及的因素看,有人、设备、工艺和环境等方面。按照管理工作的内容,大体上可以分为外业、内业和应急管理等。按照管理工作的要素,从本质安全理论上讲主要分为人、设备、工艺、环境和管理程序等。上面提供的是布局的思路,可以是单一思路去考虑,也可以多重思路同时考虑,采用什么样的思路布局,要具体问题具体分析。其次要注意制度内容的务实性。务实性、针对性和可操作性，是孪生兄弟，紧密相连、相辅相成，只有务实，才能谈针对性和可操作性。务实要体现在制度要求符合实际的工作条件、实际的人员素质，要体现在责任可追溯、可追究。具体来说，就是每项制度在内容规定上要明确"谁来做""怎样做""什么时候做"。第三要有责任追究制度作为补充，"如果未做怎样追责"，这点很重要！如果没有责任追究，很难谈制度的执行力。总体上讲，制度规定遵循"3W + A"原则，即 Who、What、When、Accountability。在责任的追究上要突出一个"严"字，要让执行者知道不遵守制度就要付出代价。

2）管理技术要素之二——教育

安全生产管理，教育培训工作是基础、要先行。为什么这样讲？有人说是依法管理的需要，《中华人民共和国安全生产法》(2021 年修订)中对安全生产的教育培训，从生产经营单位的职责和从业人员安全生产的权利义务等方面都给予了明确规定。第二十八条规定，"生产经营单位应当对从业人员进行安全生产教育和培训，保证从业人员具备必要的安全生产知识，熟悉有关的安全生产规章制度和安全操作规程，掌握本岗位的安全操作技能，了解事故应急处理措施，知悉自身在安全生产方面的权利和义务。未经安全生产教育和培训合格的从业人员，不得上岗作业。生产经营单位使用被派遣劳动者的，应当将被派遣劳动者纳入本单位从业人员统一管理，对被派遣劳动者进行岗位安全操作规程和安全操作技能的教育和培训。劳务派遣单位应当对被派遣劳动者进行必要的安全生产教育和培训。生产经营单位接收中等职业学校、高等学校学生实习的，应当对实习学生进行相应的安全生产教育和培训，提供必要的劳动防护用品"。第五十八条规定，"从业人员应当接受安全生产教育和培训，掌握本职工作所需的安全生产知识，提高安全生产技能，增强事故预防和应急处理能力"。也有人说是提高作业人员生产技能的需要，生产经营单位采用新技术、新工艺、新设备、新材料，只有作业人员了解和掌握其技术特性，才能提高工作水平，保证工程质量。其实，教育培训的目的上述两个方面都兼而有之。如果我们换个角度看安全生产的教育和培训，也许管理者就会更加自觉地重视教育和培训工作，不是"要我培训",而是"我要培训"。这个角度告诉我们,安全教育就是培养作业人员对安全生产的正确认识,也就是正确的工作态度。

什么是态度?态度有这么大的威力吗?关于"态度"问题,国内外学者都做了不少的试验和研究。这里引用一位美国学者凯斯·哈瑞尔(Keith Harrell)的研究结论:态度是人面对某些事情的心理或情感的状态。态度在人生中有不可思议的作用,它可能是积极行动的有力工具,也可能是削弱能力的致命因素。通过学习可以培养积极的态度,从而改变你的眼界,改善你的技能,实现一个职业生涯中的任何一个不可能的目标。因此我们不能低估教育的作用,要正确地开展培训教育。

在实际工作中,我们经常听到管理者或者是培训教育的组织者埋怨,学员不认真听讲。同时,我们也听到学员埋怨组织者,培训无意义,就是走形式、耽误时间。为什么会出现这样的情况?调研发现,一是对培训的认识上有偏差,抱着培训是依法管理需要的观点,组织培训仅关注完成培训人员和学时;或抱着培训是提高作业人员生产技能需要的观点,在培训内容上仅关注生产技能,而安全要求和安全技能只是作为补充。二是在培训的方式上有偏差,培训形式机械单一,没有注意到培训的对象是成人这个特点,简单地采用老师讲、学生学的"填鸭式"教学模式,学员不感兴趣。三是培训内容有偏差,教学内容宽泛空虚,缺乏针对性和实用性。

如何使安全生产培训富有实效,主要有以下几个方面。

(1)系统的培训计划

培训计划是做好培训工作的前提,制订培训计划要从三个方面考虑:

①培训对象不同教学计划不同,按照管理层次分有企业负责人、项目负责人和专职安全员,简称三类人员;按照从事岗位分有基层领导、特种作业人员和一线作业人员。

②时空环境不同教学计划不同,一般分为经常性安全教育和专项安全教育,经常性安全教育如安全防护的基本知识、安全生产的基本要求和预防事故发生的基本常识等;专项安全教育如冬季、夏季、汛期、台风期和节假日

等,以及使用新技术、新工艺、新设备等情况。

③培训计划要简单具体。编制培训计划,要反对大话空话。一个好的培训计划,可以使人很清晰地看到培训目标、培训内容、培训时间、培训形式、培训地点、参加人员和责任部门或人员等要素。

（2）灵活的培训方式

我们反对安全教育培训采用老师教、学员学的简单"填鸭式"教学形式,但也不是说完全不能使用,这种教学形式要和其他教学形式配合使用,效果会更好一点。如带着问题培训,就是在培训前,参加培训的人员要注意搜集整理前一时期生产中的问题,大家带着问题,在讨论中学习,在讨论中提高认识,并找出解决问题的措施。用事故案例进行培训,就是将操作中的不安全现象,特别是将酿成后果的案例做成幻灯片或视频,放给大家观看,会有更强的冲击力和感染力。在这里特别强调的是每次培训时间的把握,一般来说对一线作业人员学习培训时间不要超过50min;对项目负责人和专职安全管理员不要超过2h,90min左右最好。

（3）实用的培训内容

选定培训内容要遵循两个原则:一是"因人施教"原则,二是"干什么学什么,缺什么学什么"原则。具体来说,我们在工程项目中大体上将培训人员分为参建单位负责人员、中层管理人员和一线作业人员三个层次。

①高层管理人员:参建单位领导及部门负责人。以方针政策和标准规范教育培训为主,主要内容如下:

a.党和国家有关安全生产方针、政策、法律法规;

b.安全生产质量管理和施工现场环境标准化;

c.项目安全生产责任管理制度;

d.安全生产管理基本知识、安全生产技术、职业危害及预防知识;

e.重大危险源管理、重大事故防范、应急管理和救援组织以及事故调查处理的有关规定;

f.典型事故和应急救援案例分析。

②中层安全管理技术人员:各参建单位安全管理部门人员。以标准规

范和安全技术措施教育培训为主,主要内容如下:

　　a. 安全生产责任制;

　　b. 安全质量标准化;

　　c. 安全管理评价标准及各部门安全职责;

　　d. 安全管理的基本知识、方法与安全生产技能;

　　e. 事故隐患排查、重大事故防范以及安全生产信息统计与报告;

　　f. 典型事故和应急救援预案;

　　g. 有关施工安全技术规范标准。

　　③一线工人培训内容以安全防范意识的提高、安全防范方法的掌握、安全防护措施的实施和逃生技能为主,主要内容如下:

　　a. 有关安全生产方面的权利和义务;

　　b. 安全生产基本知识和劳动纪律;

　　c. 岗位危险源及危害因素控制要点;

　　d. 岗位安全操作规程;

　　e. 劳动防护用品的正确使用;

　　f. 操作工艺技能培训及质量知识学习;

　　g. 预防危害的方法,自救、互救常识;

　　h. 安全心理与健康教育;

　　i. 案例教育。

　　(4)严格的培训考核

　　考核是检验培训效果的试金石,也是学员认真学习的外在动力,因此培训考核工作不能忽视。要把考核结果与能否上岗挂钩、与争先评优挂钩,这样培训的效果就会更好。总之,安全生产教育要突出一个"实"字。

3)管理技术要素之三——评估

　　"安全风险评估"是随着管理理论和科学技术的不断发展,逐渐形成的安全生产管理方法。通过对不同环境或不同时期安全危险性的评估,为有效采取教育、行政、技术和监督等措施和手段落实安全管理工作,避免安全事故发生,提供必要的基础资料和定性的技术支持。

安全风险评估主要由以下三个步骤组成：识别安全事故的危害、评估安全生产的风险和选择控制风险的措施。

（1）识别安全事故的危害

识别危害是安全风险评估的重要部分。若不能完全找出安全事故危害的所在，就无法对每个危害的风险作出评估，并对安全事故危害进行有效控制。这里简单介绍如何识别安全事故的危害。

①材料危险识别：识别哪些东西是容易引发安全事故的材料，如易燃或爆炸性材料等，找出它们的所在位置和数量，判断处理的方法是否适当。

②工序危险识别：找出涉及高空或高温作业，使用或产生易燃、易爆材料等容易引发安全事故的工序，对一些危险性较大的分部分项工程，检查有关单位是否已经制订安全施工方案，并加以评审。

③工作环境危险识别：检查工作场所是否存在安全隐患，如是否堆积大量的可燃杂物（如纸张、布碎、垃圾等），工作环境中的通风、照明和温度是否达标，安全通道是否畅通。

④人和设备危险识别：分析操作人员的技术水平，以及生产设备的安全性能。特别要注意检查特种设备和操作人员的管理情况。

（2）评估安全生产的风险

主要是依据风险管理理论或工程安全管理经验，对将要开始的工程进行风险评估。任何生产在一定程度上都存在风险，绝对的安全是不存在的。风险评估的结果，是将安全风险大的隐患点找出来，采取一定的控制措施，把完成控制措施后留有的残余风险控制在可以接受的范围内。

风险评估实质上是一个模糊的评估。正因为是模糊的评估，所以在风险评估中，评估指标的选择不要太细小，要用矛盾论的思想抓主要矛盾、抓矛盾的主要方面；在评估的方法上，要简单实用，即使使用了一些复杂的数学模型或统计计算，也要尽量图表化。安全事故多发于细节，但是与精密仪器制造相比，工程项目施工还是粗放的。因此安全风险评估要注意不要漏项，突出一个"宽"字。

（3）选择控制风险的措施

选择安全风险控制措施应该以风险评估的结果作为依据，判断影响安全生产的最薄弱点，决定采取何种控制手段。在工程项目建设中，安全管理的措施主要有三类：一是工程措施，就是在设计方案、实体形式和机械设备等方面的选择上，做到物的本质安全。二是技术措施，就是通过优化施工方案，科学排查、整改与防控生产隐患，实现安全生产。三是管理措施，就是建立健全工作规程，用制度规范作业人员行为，达到人的本质安全。这里要注意两点：一是要注意遵循"控制措施的费用与风险相平衡"的原则，降低风险的途径有很多种，如：①避免风险类：改善施工程序及工作环境等；②转移风险类：进行投保等；③减少风险类：对员工进行安全教育，提高员工的安全意识，以及利用安全监控，发现问题及时作出响应等。二是风险控制是动态的。风险是随时间而变化的，风险管理是一个动态的管理过程，这就要求我们要实施动态的风险评估与风险控制，即企业要建立定期风险评估制度。一般而言，当管理系统发生重大变化时，或发生严重安全事故时，应该重新进行风险评估。

4）管理技术要素之四——防控

施工现场是安全管理的主战场，是提高安全管理效果的目的地。由于现场作业人员不同、工作环境不同、施工工艺不同，安全生产的管理措施也就不同。那么，施工现场的安全生产管理有无共性？有无规律？经过这些年的安全生产管理实践，施工现场安全生产管理可以讲有规律可循，概括地说就是要在"安全生产标准化"上下功夫，重点就是在现场安全防护、隐患排查和监督检查等方面的标准化。这里谈几点想法。

（1）标准化就这么重要吗？

实践证明：标准决定质量，有什么样的标准就有什么样的质量，只有高标准才有高质量。所谓标准，是指为了在一定范围内获得最佳秩序，经协商一致制定并由公认机构批准，共同使用和重复使用的一种规范性文件。在技术层面上，标准在形成过程中，通过对同类事物多种以上的表现形式进行分析研究、总结提炼，保证了事物的构成精炼；同时按照系统论的方法处理各要素之间的关系,左右衔接、上下贯通,使系统的整体性能实现最佳。第二次世界大战期间,美国空军因为飞机故障而损失的飞机高达21000架,比被击落的飞机多1.5倍;运到远东的作战飞机用的电子备件有60%在运输途中失效。这些问题引起了美国的高度重视,美国军事部门、工业部门和学术部门联合制定了统一的可互换的电子备件标准,随时可替代失效备件,为第二次世界大战胜利奠定了重要的技术基础。自此之后,美国在军事方面更加注重发挥标准化的作用。

(2)现场安全生产管理标准化的重点在哪里?

施工现场安全管理标准化,主要从6个方面去抓。①驻地、工地建设与管理。宜设围墙和围栏防护并实行封闭管理。封闭区内房屋、消防和排水应符合安全规定。②管理流程。要依据安全生产的基本要求和项目特点进行管理流程再造。每一个企业都有自己的管理习惯,通过管理流程再造,使项目管理人员特别是安全管理人员对管理程序更加清楚、职责更加明确,从而提高现场管理效率。③现场防护。对常用的、通用的现场防护标准,最好用图集形式表达,一目了然,不能用图案表达的,提出的规定要具体。④检查与整改。检查标准化关键是检查的时机、频率,以及检查表的设计、评价与整改。检查评价宜定性与定量相结合。⑤标志标识。现实中工地标志标识多、乱、杂现象严重,有政治宣传、文明施工、标语口号等乱象发生,亟须清理整改。⑥班组建设。班组是企业的细胞,是实施施工组织计划的最基层单位,安全生产的管理思想、管理目标和管理措施最终都要落实到班组,班组是安全管理一切工作的落脚点。我们常说安全管理要狠抓“双基”,即抓基层、抓基础,施工班组就是最好的抓手。

施工现场安全管理千头万绪,通过标准化抓手,暴露安全隐患和管理“短板”;同样也通过标准化抓手,复制和推广一些较好的管理方法。现场安全管理要不怕难!不怕烦!一切防控措施,要突出一个“细”字。

5)管理技术要素之五——档案

完善的档案资料是施工安全管理活动的真实记录,是安全生产经验和教训总结的主要依据。档案资料管理要遵循填写全面、真实准确、归档及时、的原则。档案盒应有类别标签、细分标签和卷内目录,以便归档和查阅。

在档案资料的整理与归档中,常常遇到的问题主要有:一是不够重视这项工作,以至于资料缺失严重、造假现象屡见不鲜。二是档案管理不科学,形成资料收集宽泛量大,价值不高。要解决这些问题,首先要在内业资料的数量上多做"减法",去粗取精,将那些确实具有史料性的资料收集整理好。其次要规范档案整理类别。在项目建设中,不同的参建单位对资料归档有不同的要求,但是基本的主要有法律法规管理类、报审核验备案类、检查类、教育培训类、专项方案类、安全资金管理类、事故处理类和其他类8类。

(1)法律法规管理类

法律法规管理类资料包括围绕工程特点所涉及的安全生产法律法规、行业规范标准、上级主管部门针对安全生产的有关文件等。

(2)报审核验备案类

报审核验备案类资料包括:

①项目业主安全生产管理办法、项目安全生产体系框图,安全管理人员的岗位职责,安全生产责任、安全检查、教育培训、技术管理及交底、例会、事故报告等制度;

②项目业主与施工单位、监理单位签订的安全生产合同;

③项目办主要管理人员、施工单位、监理单位等单位和个人签订的安全生产责任状;

④施工单位的资质证书、安全生产许可证、"三类人员"证书、安全监理工程师证书复印件等;

⑤监理单位编制的安全监理方案、安全生产实施细则的报批文件;

⑥工程管理部门、上级主管单位、监理单位及施工单位围绕施工安全生产的来往文件;

⑦监理单位及施工单位安全生产信用评价资料。

(3)检查类

检查类资料包括:

①业主安全检查台账,日常巡视检查记录;

②项目业主下发的安全整改通知,监理、施工单位整改回复文件;

③监理巡查上报业主备案资料、业主月查上报质监部门的资料。

（4）教育培训类

教育培训类资料包括：

①项目业主各项教育培训计划;

②内部管理人员安全培训资料;

③安全工程师参与一线工人业余学校及班前会的资料;

④业主组织的其他教育培训资料。

（5）专项方案类

专项方案类资料包括：

①施工组织设计中安全技术措施及监理单位的批复文件;

②危险性较大工程专项施工方案及监理批复文件;

③安全生产专项方案与专家评审资料;

④安全生产应急预案与管理;

⑤"三阶段安全风险分析与预防"资料（预案、预控、预警三阶段）。

（6）安全资金管理类

安全资金管理类资料包括：

①项目安全资金使用计划;

②施工单位安全生产费用计量报表及监理审批文件;

③项目办安全资金支付台账。

（7）事故处理类

事故处理类资料包括：

①项目业主上报的安全事故快报;

②安全生产事故处理结论;

③施工单位上报的重大险情报告。

（8）其他类

其他类资料包括：

①安全生产会议、影像资料及其他相关资料;

②安全生产开展的专项活动资料。

在对档案资料管理中,要注意内业资料能够反映外业工作情况、记录管理工作痕迹。同时,要注意利用内业资料进行科学的管理分析,前后比较、上下研究,还可以起到"不出办公室,就知安全事"的作用。当然这一切都是建立在内业资料真实性的基础上,切勿把内业资料当作是为检查而开展的工作。因此,内业资料在真实、全面的前提下,要突出一个"简"字。

安全生产管理既是管理学科的一个重要组成部分,也是安全科学的一个分支,是一门兼具独特性和实用性的技术学科。独特性体现在安全生产管理必须严格遵循相应的生产规律、技术规范,同时必须服从法律法规的约束、服务于社会发展。安全生产管理是以本质安全为目标,以系统工程为理论基础,以 PDCA 管理为主要方法,以建制、教育、评估、防控和档案为核心要素,保障生产安全顺利进行的一系列活动。安全生产管理以技术管理、行政管理和执法管理为三大基本模式,这三个基本模式相互独立、相互交融,共同形成了安全生产管理的技术特质,重点回答了在安全生产风险控制中的关键问题,如风险的定位("在哪里?")、风险的性质("是什么?")、风险的致因("为什么?")、风险应对的策略("怎么做?")。

五、谈策划

"策划"作为组织活动中的一个环节或者说是一项工作已经被广泛应用。我们常看到的有商业策划、创业策划、广告策划、活动策划、营销策划、网站策划、项目策划、公关策划、婚礼策划、医疗策划等。所谓"策划","策"是指计策、谋略;"划"是指计划、安排;连起来就是:有计划地实施安排。通常是活动组织者为了实现确定目标,根据已知的条件进行系统分析,整合各种资源而确定的行动方案。策划可大可小,时间可长可短。好的策划能做到环环相扣、前后呼应、面面俱到、左右到边。

施工安全策划作为策划活动的一种,一般是指通过研究分析和评价工程施工中危险源和环境因素,把安全管理的意图转变成定义明确、系统清晰、目标具体且富有策略性的运作方案。

1. 安全策划的主要作用

1)确定项目安全生产管理目标

明确的目标是策划成功的前提。没有目标,就没有策划。道理很简单,我们做任何事情都要有一个目标,知道为什么要做这件事、怎样才算做好了这件事。有目标,才能去衡量、才能去检验。道理虽然非常简单,但具体落实起来却不容易。因为安全管理的目标虽然是单一的,但是影响安全生产目标实现的因素却是复杂、多样的。很多时候许多因素交织在一起，甚至各因素之间是相互矛盾的，包括施工工艺与环境要求之间的矛盾、投入与产出的矛盾等。比如公路路面摊铺施工，环境温度高、摊铺效果好，但是温度高对一线施工人员安全危害就大；施工设备越先进，安全隐患就越少，但是先进设备需要的投入就大。许多策划之所以不成功，就是因为目标不明确，或者说策划人没有抓住主要矛盾。因此，深入研究工程项目安全管理的要求，理清思路，提出切实可行的工作努力目标是策划成功的前提。

2)指导安全生产管理工作

工程项目安全策划是一个系统的、按部就班的过程。根据工程项目特点，对施工过程中安全管理工作的方法、途径、程序进行系统构思和顶层设计，最后编制的"项目安全策划书"是项目安全生产策划结果的具体形式。"项目安全策划书"从某种意义上讲是项目安全管理的指导性文件，从大的方面指导项目安全生产各项措施有序实施。

3)明确任务分配

任务分配是策划编制的主要内容，不能进行明确的任务分配，策划编制就没有起到编制的作用，同时任务分配通过策划体现出合理性、有效性、可操作性。进行了任务安排就能更好地完成任务，安全就处于可控状态之中。任务不明确，管理就变得混乱，效能低下，现场也将处于不可控状态，导致安全事故的发生。

4)有效组合资源

组合资源也是策划编制的重要部分。通过编制策划，可以将各项工作进行合理安排，任务有效分配，资源根据工序安排合理利用。例如泥浆池采用钢管硬防护，但全线泥浆池数量多，不能所有防护均采购新管，也不可能同时将所有泥浆池进行开挖，这时就要明确合理开挖多少个泥浆池，采购多少钢管，在开挖下一个泥浆池之后，是否有完工的泥浆池，将旧的钢管回收利用，节约资源费用，同时泥浆池开挖得到有效循环防护，这都是有效组合资源。所以说合理的策划能做到资源的有效利用,节省项目开支。

2. 安全策划的原则

1)目标导向原则

坚持目标导向的原则,就是通过对危险源和环境因素识别、评价,按照法律法规要求,以及安全生产、技术标准、财务管理等规定,结合工程实际制订安全目标,实施施工安全控制。坚持目标导向原则,体现了现代安全管理思想。

2)问题导向原则

安全生产必须坚持"安全第一、预防为主",针对建设工程项目施工特点,抓住主要危险源,坚持问题导向,制订预控措施,主动控制、事前控制。同时,施工生产的全过程中不安全因素是变化的、动态的,必须对施工安全生产实施动态控制,使安全管理的思路和要求贯穿于施工生产的始终。

3)系统控制原则

策划的内容既要面向施工生产的全过程和全方位,又要考虑到策划的特点重在管理思路和主要措施上,因此策划书的编制要注意处理好"两个关系",即安全生产管理的"面"和"点"、策划内容的"粗"与"细",力求实现整个目标系统最优。

4)针对性和可操作性原则

建设工程施工安全管理涉及项目施工企业管理水平、人员素质,以及造价、进度、工艺等要素,策划方案要注意结合实际情况,实事求是,提出的安全技术措施应具有针对性和可操作性,最好具有"易"操作性。

3. 安全策划的方法

项目策划有多种方法,但每种方法都有适用性和局限性。要想得出完整、全面、准确、可靠的策划,必须综合运用以下方法。

1)以科学为依据的策划方法

这要求策划人员对收集到的零散的资料进行整理、归类,使其系统化,从对项目的个别性和特殊性的认识上升到对共同性和一般性的认识。通过使用分类比较、归纳演绎和数理统计等科学方法,可以揭开问题的表面现象,让策划人员认识到项目的内在本质和发展规律,使项目的本来面貌浮出水面。

2)以经验为手段的策划方法

有时,仅仅依靠分析统计数据的科学方法很难看出项目的本质和规律,这可能是因为数据不完整或不准确。在很多时候,策划人员需要依靠自身的经验或专家的经验主观地认识项目。经验虽然是一种主观认识,但它大多是建立在对以往类似项目总结和概括的基础上,有其合理准确的一面,在策划过程中有较高的利用价值。

3)以规范为标准的策划方法

很多工程项目,如建筑工程项目,其设计、施工等工作都有统一的规范要求。这些规范是本行业的经验总结,具有高度的普遍性和广泛的适用性。因此,在对这些行业内的项目进行策划时,一定要遵守规范要求,这样不仅能够节省时间,而且能够在较大程度上保证项目策划的准确性和可靠性。

4)系统的策划方法

项目策划过程是一个复杂、庞大的工作体系,只依靠一种方法恐怕很难做出完整、准确的策划。因此,在实际策划过程中,要做到具体问题具体分析,多种方法综合运用,相互检验其结果,寻求最准确、最合理的方法,以保证后续工作的顺利开展和项目的圆满完成。

4. 项目安全策划的基本内容

项目生产安全策划一般分为基础管理策划、风险控制策划和创新管理策划三个部分。具体可视项目的规模和复杂程度，分层次分阶段展开，从总体管理策划到局部实施性策划逐步展开。

1）基础管理策划

为实现项目安全管理目标，保证项目安全管理正常运行，从而进行的组织保障、人员保障和制度保障的策划。主要内容有：安全生产目标策划、安全生产管理组织策划、安全生产资源保证策划和安全生产管理制度策划。

（1）安全生产目标策划

安全生产目标是实施建设工程施工安全管理所要达到的各项具体指标，是安全控制的努力方向。

①在制订安全生产目标时应考虑的因素包括：

a.上级机构的整体方针和目标；

b.危险源和环境因素识别、评价和控制策划的结果；

c.适用法律法规、标准规范和其他要求；

d.可以选择的技术方案；

e.财务、运行和经营上的要求；

f.相关方的意见。

②安全生产目标的主要指标包括：

a.杜绝重大伤亡；

b.一般事故频率控制目标；

c.安全标准化工地创建目标；

d."平安工程"或"平安工地"创建目标；

e.遵循安全生产、文明施工方面有关法律法规和标准规范以及对员工和社会要求的承诺；

f.其他需要满足的总体目标。

（2）安全生产管理组织策划

安全生产管理组织策划主要包括安全生产管理机构和人员、安全生产责任体系等。

①安全生产管理机构和人员。

《建设工程安全生产管理条例》(国务院令第 393 号)第二十三条规定:"施工单位应当设立安全生产管理机构,配备专职安全生产管理人员。"安全生产管理机构主要负责落实国家有关安全生产的法律法规和工程建设强制性标准,监督安全生产措施的落实,组织施工单位进行安全生产检查、安全事故隐患排查与整改,以及日常的安全检查。

专职安全生产管理人员的主要职责是负责安全生产,并进行现场监督检查;发现安全事故隐患,应当及时向项目负责人和安全生产管理机构报告;对于违章指挥、违章作业、违反劳动纪律的行为应当立即制止。

项目经理部应建立以项目经理为组长的安全生产管理小组,按工程规模设立安全生产管理机构或配备专职安全生产管理人员,专职安全生产管理人员由施工企业派出。

班组应设兼职安全员,协助班组长搞好班组安全生产管理。

②安全生产责任体系。

施工现场安全生产责任体系一般分为三个层次:

第一层次,项目经理作为项目经理部安全生产第一负责人;

第二层次,分包单位负责人作为本单位安全生产第一负责人,负责执行总包单位安全管理规定和法规,组织本单位安全生产;

第三层次,作业班组负责人作为本班组或作业区域安全生产第一负责人,贯彻执行上级指令,保证本区域、本岗位安全生产。

(3)安全生产资源保证策划

安全生产资源主要包括人力、物资和安全生产资金等。

人力资源包括配备专职安全生产管理人员、高素质技术人员、操作工人及安全教育培训投入等。

安全物资方面:为防止假冒、伪劣或存在质量缺陷的安全物资流入施工现场,造成安全隐患,项目经理部应对安全物资供应单位的评价和选择、供货合同条款约定和进场安全物资的验收作出具体规定,并组织实施。工程施工过程中应加强安全物资的维修保养等管理工作。

在安全生产资金方面,施工现场安全生产资金主要包括:

①施工安全防护用具及设施的采购和更新的资金;

②实施安全施工措施的资金;

③改善安全生产条件的资金;

④进行安全教育培训的资金;

⑤实施事故应急措施的资金。

（4）安全生产管理制度策划

建立健全安全生产管理制度,首先要做好制度的顶层设计,要注意将安全生产制度"横向到边,纵向到底",贯穿施工全过程。通常,我们从4个方面考虑制度建设:一是涵盖领导责任、监管责任和主体责任的责任体系;二是安全意识教育、安全技能提升的教育培训体系;三是以法规、标准、规范和政策规定为核心的规章体系;四是以风险评估、检查监督、隐患排查、应急处置为重点的预控体系。至少应包括:安全生产责任制度、安全生产教育培训制度、安全生产资金保障制度、安全生产检查制度、专项施工方案论证审查制度、安全技术交底制度、隐患排查与整改制度、防护用品及设备管理制度、特种设备设施验收登记与作业人员管理制度、意外伤害保险制度、安全事故应急救援制度、安全事故报告制度12项基本制度。

①安全生产责任制度。

安全生产责任制度是指企业对项目经理部各级领导、各个部门、各类人员所规定的在他们各自职责范围内对安全生产应负责任的制度。其内容应充分体现责、权、利相统一的原则。建立以安全生产责任制为中心的各项安全管理制度,是保障安全生产的重要手段。安全生产责任制应根据"管生产必须管安全""安全生产人人有责"的原则,明确各级领导、各职能部门和各类人员在施工生产活动中应负的安全责任。

②安全生产教育培训制度。

安全生产教育培训制度是指对从业人员进行安全生产的教育和安全生产技能的培训,并将这种教育和培训制度化、规范化,以提高全体人员的安全意识和安全生产的管理水平,减少、防止生产安全事故的发生。安全教育包括安全生产思想教育、安全知识教育、安全技能教育、法治教育等方面,其中对新职工的三级安全教育是安全生产基本教育制度。培训制度主要包括对施工单位的管理人员和作业人员的定期培训,特别是在采用新技术、新工艺、新设备、新材料时对作业人员的培训。

③安全生产资金保障制度。

安全生产资金是指建设单位在编制建设工程概算时,为保障安全施工确定的资金,建设单位根据工程项目的特点和实际需要,在工程概算中要确定安全生产资金,并全部、及时地将这笔资金划转给施工单位。

安全生产资金保障制度是指施工单位必须把安全生产资金用于施工安全防护用具及设施的采购和更新、安全施工措施的落实、安全生产条件的改善等方面。

④安全生产检查制度。

管理机构负责落实国家有关安全生产的法律法规和工程建设强制性标准,监督安全生产措施的落实,组织施工单位进行安全生产检查活动、安全事故隐患排查和整改,以及日常的安全检查。

在对安全生产进行现场监督检查中,发现安全事故隐患应当及时向项目负责人和安全生产管理机构报告,对于违章指挥、违章操作的,应当立即制止。

⑤专项施工方案论证审查制度。

施工单位应当在施工组织设计中编制安全技术措施和施工现场临时用电方案,对下列达到一定规模的危险性较大的分部分项工程编制专项施工方案,并附具安全验算结果,经施工单位技术负责人、总监理工程师

签字后实施,由专职安全生产管理人员进行现场监督:

 a.基坑支护与降水工程;

 b.土方开挖工程;

 c.模板工程;

 d.起重吊装工程;

 e.脚手架工程;

 f.拆除、爆破工程;

 g.国务院建设行政主管部门或者其他有关部门规定的其他危险性较大的工程。

涉及深基坑、地下暗挖工程、高大模板工程的专项施工方案,施工单位还应当组织专家进行论证、审查。

⑥安全技术交底制度。

技术交底制度,指在施工前,施工单位负责项目管理的技术人员应将工程概况、施工方法、安全技术措施等情况向作业工长、作业班组、作业人员进行详细的讲解和说明。技术交底的主要内容是:本项目的施工作业特点和危险点;针对危险点采取的具体预防措施;应注意的安全事项;相应的安全操作规程和标准;发生事故后应及时采取的避难和急救措施等。

⑦隐患排查与整改制度。

对施工现场隐患排查的频次作出明确规定,根据排查出的安全隐患,按照隐患的严重程度或整改措施的难易情况,明确整改责任单位、部门和责任人,以及整改的时限。同时,还要规定对事故隐患整改落实情况的检查和销号程序。

⑧防护用品及设备管理制度。

防护用品及设备管理制度是指施工单位采购、租赁的安全防护用具、机械设备、施工机具及配件,应当具有生产(制造)许可证、产品合格证,并在进入现场前进行查验。同时,做好防护用品的发放和设备的维修、保养、报废和资料档案管理。

⑨特种设备设施验收登记与作业人员管理制度。

施工单位在使用施工起重机械、整体提升脚手架、模板等自升式架设设施前,应当组织有关单位进行验收,也可以委托具有相应资质的检验检测机构进行验收;使用承租的机械设备和施工机具及配件的,由施工总承包单位、分包单位、出租单位和安装单位共同进行验收。验收合格后方可使用。

特种作业人员是指从事特殊岗位作业的人员。不同于一般的施工作业人员,特种作业人员所从事的岗位有较大的危险性,容易发生人员伤亡事故,对操作者本人、他人及周围设施的安全有重大危害。特种作业人员必须按照国家有关规定经过专门的安全作业培训,并取得特种作业操作资格证书后,方可上岗作业。

⑩意外伤害保险制度。

意外伤害保险是法定的强制性保险,由施工单位作为投保人与保险公司订立保险合同,支付保险费用,以本单位从事危险作业的人员作为被保险人,当被保险人在施工作业中发生意外伤害事故时,由保险公司依照合同约定向被保险人或者受益人支付保险金。该项保险是施工单位必须办理的,以维护施工现场从事危险作业人员的利益。

⑪安全事故应急救援制度。

施工单位应当制订本单位生产安全事故应急救援预案,建立应急救援组织或者配备应急救援人员,配备必要的应急救援器材、设备,并定期组织演练。同时,施工单位应制订施工现场生产安全事故应急救援预案,并根据建设工程施工的特点、范围,对施工现场易发生重大事故的部位、环节进行监控。

实行施工总承包的,由总承包单位统一组织编制建设工程生产安全事故应急救援预案,工程总承包单位和分包单位按照应急救援预案,各自建立应急救援组织或者配备应急救援人员,配备救援器材、设备,并定期组织演练。

⑫安全事故报告制度。

施工单位按照国家有关伤亡事故报告和调查处理的规定，及时、如实地向负责安全生产监督管理部门、建设行政主管部门或者其他有关部门报告；特种设备发生事故的，还应当同时向特种设备安全监督管理部门报告。实行施工总承包的建设工程，由总承包单位负责上报事故。

2）风险控制策划

针对项目施工中的风险源，结合施工组织中的环境、工艺和人员等状况，提出和明确具体的安全管理责任、实施程序和控制方式。主要内容有一般风险控制策划、重要风险控制策划、应急准备和响应策划。

（1）一般风险控制策划

一般风险控制策划是指以一个项目或一个合同段为单位，结合其环境条件、作业特点、施工组织计划等因素，对风险评估的人员组成、评估的方法、常见的一般风险源控制的程序，以及预警预防的主要措施提出总体思路。

（2）重要风险控制策划

重要风险控制策划是指在一个项目或一个合同段中，对具有危险性较大的分部分项工程的风险控制策划。由于是危险性较大的分部分项工程，因此首先要根据相关规定或规范要求，对需要进行专项风险评估、编制专项安全管理方案和需要进行专家评审的分项工程列出清单。第二要提出隐患排查和风险源控制的程序，以及预警预防的主要措施。第三要落实到具体标段或具体责任人，明确隐患排查与整改等工作职责，以及完成计划任务的时间要求。第四要考虑是否需要专业作业队伍，进行安全用品及安全费用预投入，以及进行应急预案编制，准备应急物资等。

（3）应急准备和响应策划

应急准备和响应策划是指在危险源与环境因素控制措施失效的情况下，为预防和减少可能随之引发的伤害和其他影响，所采取的补救措施和抢救行动。也就是我们通常所说的应急救援。

①应急救援组织是施工单位内部专门从事应急救援工作的独立机构,也可以是临时组织机构。

②应急救援体系是保证所有应急救援预案的具体落实所需要的组织、人力、物力等各种要素及其调配关系的综合,是应急救援预案能够落实的保证。

③制订应急救援预案。实行施工总承包的,总承包单位应当负责统一编制应急救援预案,工程总承包单位和分包单位按照应急救援预案,各自建立应急救援组织或者配备应急救援人员,配备救援器材和设备。

④组织演练。按应急救援预案内容,根据项目建设和人员情况确定进行演练的科目以及应急救援的管理要求。

3)创新管理策划

围绕着项目安全管理的难点问题,积极开展科学研究和管理创新,统筹谋划安全生产管理的新理念、新技术、新方法,在项目安全管理实际中运用。

5.安全生产管理目标策划

目标是一切工作努力的方向,科学合理的工作目标既是我们工作的压力也是动力,既是对工作现状的超越,又是经过一定的努力可以达到的。俗话说就是树上的果子,跳一跳可以够着,高而可攀而不是高不可攀。因此,一个单位、一个项目要制订安全生产目标,就要对本地区、本行业的安全生产水平有个基本了解。

安全生产管理目标从大的方面来说分为定性目标和定量目标。定性目标包括安全生产管理的组织机构、规章制度、职工教育、文明施工管理目标等;定量目标包括生产安全事故控制指标(事故负伤率及各类安全生产事故发生率)、安全生产隐患治理指标以及上述有关安全生产事故统计指标等。

对于施工现场或项目管理来说，一般要有个总目标：人员伤亡率、生产事故率、隐患整改率，或者争创"平安工程"荣誉称号等。在这样一个大目标下，再细化要求、分解责任。可以按照作业点分解到工地、按照工程进度分解到工序、按照施工时间分解到期限、按照工作职责分解到人员。总之，要做到安全目标大家清楚，人人身上都有要求。

6. 项目安全管理策划书

项目安全策划书是项目安全生产管理策划的最后成果，又是项目安全生产正式开始前的第一个总体规划，是项目安全管理的纲领性文件，以指导项目安全生产各项措施有序实施。

1) 项目安全管理策划书的主要内容

（1）工程概况（标段概况）；

（2）编制依据；

（3）适用范围；

（4）安全生产目标；

（5）安全管理组织机构（图）；

（6）安全管理主要责任人员（表）；

（7）安全管理制度清单；

（8）危险性较大的分部分项工程清单；

（9）创新安全管理专题清单；

（10）安全管理主要方法和措施。

2) 编制项目安全管理策划书需要注意的问题

（1）策划书的编制与管理

策划书重在策划，因此在这个阶段不需要编写具体内容，主要表现形式是提纲式的文字表达、清晰的框图或表格，对于关键的要求和规定要详细描述。策划书根据单位（角色）或层级不同，管理的要求和程序也不一样。项目安全管理策划书一般由施工单位经理部组织编写，经理部主管单位(部门)组织相关人员审查、批准后实施。策划书编写和审查应在项目进场后、正式开工前完成。为什么要求"经理部主管单位(部门)组织相关部门审查、批准后实施",因为考虑到项目上管理人员的政策水平,以及有些制度和措施的落实需要上级单位的协调和支持。

(2)策划书要注意针对性和可操作性

策划书是针对具体项目而编写的,因此策划书的针对性和可操作性就是策划书的生命。如果没有针对性和可操作性,策划书就是一纸空文,也就没有存在的必要了。要做到具有针对性和可操作性,一是对上级单位(业主单位)的要求要"吃准",二是要对单位(项目)的情况要"吃透",就是要对安全生产的目标(要求),施工的环境、人员、工艺以及项目管理团队的能力进行比较全面的了解掌握、研究分析,以此提出相应的安全管理思路。同时,要注意将整体任务根据实际情况进行分解,划分为若干个具体子任务,这样策划工作更加系统和有序,有助于提高工作的执行效率。

(3)策划书要注意利用既有成果

策划书的主要内容从政策和管理层面上看,有许多施工项目的共性要求和规定。因此,要尽量多查阅资料,总结他人的管理经验,充分利用本单位或其他单位的既有成果。这样省时省力,同时还不容易丢项漏项。

(4)策划书要注意和其他策划相融合

安全生产管理是一项系统工程,但是相对于工程项目管理,它与质量管理、进度管理、人员配置以及施工工艺和设备管理一样,同属于子系统。因此安全生产管理要注意与其他管理的融合和衔接。在制度和规定的策划上,要符合上位文件规定、与其他相关管理相协调,防止规定打架、措施不能落地;在安全管理的思路上,要注意策划工作中各个环节和步骤的逻辑关系,明确他们相互间的联系和区别,避免实施中的混乱和冲突。

案例　芜湖长江公路二桥工程××标段安全管理策划书

××项目_____安全管理策划书

编制：

审核：

×××项目部
2015 年××月××日

目　录

一、工程概况

芜湖长江公路二桥及接线是安徽省高速公路网规划"四纵八横"中"纵二"（徐州—蚌埠—合肥—芜湖—黄山）的一段，是连接安徽省长江两岸的一条快速通道。

项目起于无为县石涧镇，接规划中的北沿江高速公路，终于繁昌县峨山镇，接已经建成的沪渝（南沿江）高速公路，路线全长55.508km，北岸接线长20.778km，南岸接线长20.748km，跨江主引桥长13.982km，自无为东互通至三山互通间采用双向6车道，其余接线范围采用双向4车道标准。

本标段工程：跨江主桥中心桩号为K32+689，主桥方案为100m+308m+806m+308m+100m五跨分肢柱式塔分离钢箱梁四索面斜拉桥，全漂浮体系，塔高262.48m，主桥长1622m。承台为厚8m、直径39m整体圆形承台，下设30根直径3m钻孔桩，梅花形布置。北塔桩长78m，南塔桩长80m。

二、编制依据

《中华人民共和国安全生产法》（2014年中华人民共和国主席令第13号，自2014年12月1日起施行）[①]；

《建设工程安全生产管理条例》（中华人民共和国国务院令第393号，自2004年2月1日起施行）；

《公路水运工程安全生产监督管理办法》（2017年交通运输部令第25号，自2017年8月1日起施行）；

《危险性较大的分部分项工程安全管理办法》（建质〔2009〕87号）[②]；

《公路水运工程施工安全标准化指南》；

《安徽省公路水运重点工程项目安全生产管理指南（第二版）》；

《芜湖长江公路二桥建设项目安全生产管理办法（试行）》；

---

① 2021年6月10日第十三届全国人民代表大会常务委员会第二十九次会议通过《关于修改〈中华人民共和国安全生产法〉的决定》，自2021年9月1日起施行。

② 该办法已作废。现在执行《危险性较大的分部分项工程安全管理规定》（建质办〔2018〕31号）。

《芜湖长江公路二桥×××项目施工组织设计》;

本工程与业主签订的承包合同及其附件。

三、适用范围

本项目安全策划书适用×××项目部。

四、安全生产目标

坚持安全第一、预防为主、综合治理的方针,以安全隐患"零容忍"为原则,建立健全安全管理组织机构,完善安全生产保证体系。杜绝较大及以上安全生产事故,减少一般事故,力争事故死亡率0、事故重伤率0。

五、安全管理组织结构图(图5-1)

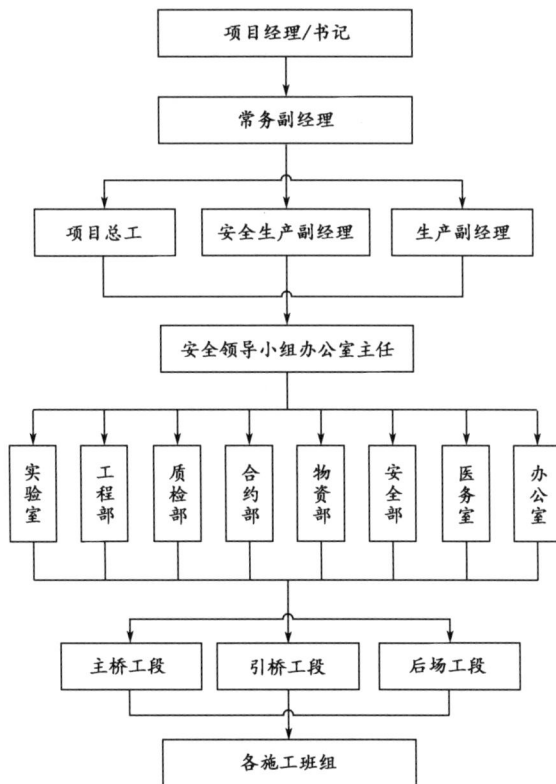

图5-1 安全管理组织结构图

六、安全管理主要责任人一览表（表5-1）

安全管理主要责任人一览表　　　　　　　　表5-1

姓名	职务	主要责任
×××	项目经理	项目经理是项目的安全生产第一责任人,对整个工程项目的安全生产全面负责
×××	项目书记	与项目经理共同对项目部的安全生产负监督管理责任;认真贯彻执行党和国家有关安全生产的方针政策、法律法规和规章制度,加强对职工的安全教育,提高党员和职工的安全生产意识
×××	常务副经理	定期组织安全生产检查,分析现场安全生产状况。监督对进场作业人员进行安全生产教育、培训、考核。做好对租赁船机设备和劳务作业队的安全生产监督管理工作。当项目经理有事需离开项目部时,代表项目经理主持日常安全管理工作
×××	项目总工	负责编制施工组织设计,编写有针对性的安全生产技术措施和事故应急预案;开展施工工艺交底时,应同时进行安全技术交底;组织安全技术培训,为一线工人业余学校授课。组织专家对重大安全技术方案和"十一类"安全专项施工方案进行论证、评审
×××	安全生产副经理（安全总监）	对本合同段安全生产负监督责任;监督检查项目安全生产组织机构是否建立健全、安保体系是否正常运转;监督检查项目安全生产责任制及安全管理制度制定和落实情况;组织识别危险源和危险性较大分部分项工程;监督检查重大安全技术方案或专项方案的落实情况
×××	生产副经理	认真贯彻执行"管生产必须管安全"的原则,坚持安全生产"五同时";参加项目部定期组织的安全生产检查,分析现场安全生产状况。制止违章指挥和违章作业,让生产服从安全,确保安全生产
×××	工会主席	宣传党和国家劳动保护政策、法律、法规及企业安全卫生规章制度,对职工群众进行遵章守纪和劳动保护科学技术知识教育;督促和协助项目部执行各项劳动保护法律、规程、条例和规定,及时解决生产中出现的有关安全生产方面的问题,不断改善劳动条件,督促检查项目部劳动保护经费的提取和劳动保护措施计划的落实;督促项目部按国家规定发放劳动防护用品
×××	安全部部长	编制本单位安全生产年度、季度计划,报主管领导签发实施;参加项目工程施工细则的讨论,提出安全生产方面的意见和建议;参加安全技术交底会议,提出安全预防措施;组织新进场员工的"三级教育"和聘用员工的安全教育,做好特种作业人员的动态管理,有计划地开展各种安全活动,开展定期安全检查,做好活动记录和总结,做好安全宣传和警示工作。定期或不定期对一线工人进行安全教育,负责落实危险源的辨识及单元预警工作

续上表

姓名	职务	主要责任
×××	现场工段长	根据具体情况另行细化
×××	专职安全员	根据具体情况另行细化
×××	施工班组长	根据具体情况另行细化

七、安全管理制度清单

制度清单共分为组织与保障、专项方案、特种设备与作业、安全检查、安全管理和其他共6类,具体内容由项目部在规定时间内研究讨论,并形成制度。

1. 组织与保障类

(1)安全生产组织与责任制度;

(2)安全生产例会制度;

(3)安全生产教育培训制度;

(4)安全生产资金管理制度;

(5)劳动防护用品管理制度。

2. 专项方案类

(1)"三阶段安全风险分析与预防"制度;

(2)安全技术交底制度;

(3)危险性较大工程专项施工方案审查制度;

(4)临时用电管理制度;

(5)消防安全责任制度。

3. 特种设备与作业类

(1)特种设备安装、使用、检验、维修保养制度;

(2)特种作业人员管理制度;

(3)夜间作业安全管理制度;

(4)危险品管理制度。

4. 安全检查类

(1)安全生产检查制度;

（2）劳务分包和民工安全管理制度；

（3）安全应急救援制度；

（4）生产安全事故隐患排查治理制度。

5.安全管理类

（1）安全生产管理人员考核制度；

（2）意外伤害保障制度；

（3）自然灾害预防及应急避险制度；

（4）生产安全事故报告、统计制度；

（5）项目负责人施工现场带班管理规定。

6.其他类

（1）文明施工管理规定；

（2）安全生产文明施工奖惩制度。

八、危险性较大的分部分项工程清单（表5-2、表5-3）

危险性较大的分部分项工程清单   表5-2

序号	分部分项工程名称	方案名称	备注（分类依据）
1	桩基础	南主墩连接栈桥及钢平台安全方案	桩基础
2	桩基础	钢护筒施工安全专项方案	桩基础
3	设备安装拆卸	GQ520ZA固定式起重机安装安全专项方案	起重机械设备自身的安装拆卸工程
4	设备安装拆卸	20t门式起重机安拆安全专项方案	起重机械设备自身的安装拆卸工程
5	桩基础	南主墩钻孔桩施工安全专项方案	超长桩
6	其他危险性	临时用电组织设计方案	临时用电
7	桩基础	南引桥钻孔桩施工安全专项方案	桩基础
8	大型临时工程	南主墩平台拆除施工安全专项方案	临时码头

续上表

序号	分部分项工程名称	方案名称	备注(分类依据)
9	索塔、墩柱工程	南引桥墩身施工安全专项方案	高度15m以上的墩、柱工程
10	起重作业	南主墩钢吊箱安装施工安全专项方案	单件起吊重力超过100kN
11	桩基础	Z5边墩及Z6过渡墩钻孔桩安全专项方案	桩基础
12	索塔、墩柱工程	边墩过渡墩承台墩身施工安全专项方案	高度15m以上的墩、柱工程
13	设备安装拆卸	M125/75塔式起重机安装施工安全方案	起吊重力超过300kN
14	索塔、墩柱工程	南主墩中下塔柱施工安全专项方案	高度100m以上的索塔施工
15	索塔、墩柱工程	南主墩索塔施工安全专项方案	高度100m以上的索塔施工
16	斜拉桥施工	南主墩斜拉索安装施工安全专项方案	跨径300m以上的斜拉索施工
17	设备安装拆卸	临时码头120t提梁门式起重机安装与拆除施工	起吊重力超过300kN

建设项目电工分片区管理清单　　　　表5-3

合同标段：××标　　　　　　　　施工单位名称：

序号	作业片区	专职安全员	签字
1	主墩作业平台		
2	材料码头作业区		
3	钢筋加工车间作业区		
4	混凝土拌和站作业区		
5	引桥作业区		

项目部：　　　　　　　　驻地办：　　　　　　　　总监办：

九、创新安全管理专题清单

(1)参加项目办统一计划的"桥梁施工风险管控信息化技术研究"。

(2)本标段结合生产自主开展工法研究。

①主墩钢吊箱安装施工工法；

②斜拉索安装施工安全作业指导书。

十、安全生产管理主要思路

(1)健全管理组织。分别建立以项目部、班组为层级的两个安全管理层。项目部层级以项目经理为负责人。班组层级以安全部部长为负责人，带领安全员抓落实。

(2)再造管理流程。根据安全生产和项目办要求，结合我公司现场管理人员、设备情况，在制度建设、管理程序等方面再梳理，梳理后修订下发。

(3)开展风险评估。一是交通运输部规定的桥梁、隧道和高边坡的工程内容，二是具有重大危险源的分部分项工程。

(4)利用项目部会议室建立一线工人业余学校，做好教学计划，配齐教员，组织好教学。

(5)扎实做好"三阶段安全生产风险辨识与预防"。每月项目部开展隐患排查并召开风险源辨识与防控会，每周专职安全员检查班组长开好班前会。做好专项施工方案的评审与审批。

(6)抓好施工点管理。按照"工厂化工点管理"原则，对周期长、规模大的工点，要求有平面布置图，明确设备、材料、工具和人员休息室等位置，按图布置；对时间短、规模小的工点，宜用栅栏等进行封闭管理。如果施工工序不需要封闭或不宜封闭管理，则应做标志标牌。

(7)根据工程进展和上级要求，适时组织开展专项治理、专项检查等活动。

(8)完成公司总部、项目办布置的其他安全管理工作。

施工安全生产管理的策划，是对其管理目标、体系、职责、内容、方法与措施等进行总体谋划的活动。管理策划是"纲"，纲举目张。做好安全生产管理策划首先要树立系统观念，工作目标明确，工作思路清晰；其次要坚持

目标与问题导向,大处着眼、小处着手,突出安全生产管理重点与难点;第三,要注意总结和梳理既有的好经验、好做法,同时积极应用新理念、新技术、新工艺,不断创新安全生产管理新路子。"高屋建瓴、提纲挈领、抓住要领"是编写好安全生产管理策划书的秘诀。只有站在全局高度,抓住核心要点,才能确保策划内容既具有前瞻性又具备可操作性。

六、谈预案

　　《论语·卫灵公》有云:"人无远虑,必有近忧。"这句古老的谚语,其简单的字面意义是:人如果没有长远的考虑,一定会有近在眼前的忧患。《易传·象传下·既济》也有:"君子以思患而豫防之。"意思是:想到会发生祸患,事先采取预防措施。

　　毛泽东在《论持久战》一文中提道:"'凡事预则立,不预则废',没有事先的计划和准备,就不能获得战争的胜利。"任何一项有效率的工作,都必然是善于安排工作的次序,合理分配时间和要求的结果。在现实生活中,再周密的方案在实施过程中,都可能因为突发的状况而导致整个工作的崩盘,落一个满盘皆输的结果。因此,事前找出潜在的或可能的突发事件,制订应急处置方案,不仅可以防止事故,也可以在事故发生时将损失降到最低。

　　从古至今、从国外到国内,随着生产力的不断发展、科学技术的不断进步、人类认识自然的不断深入,人们对一切活动的方案,特别是对突发事件的预案越来越理解、越来越重视。预案,就是指根据已有的理论和经验,为保证迅速、有序、有效地开展应急与救援行动、降低事故损失,对即将进行的活动中潜在的或可能发生的突发事故进行分析评估,事先制订的应急处置方案。

1. 预案的发展历程

预案最初应用于应急救援。在 20 世纪 50 年代之前,应急救援还被看作是受灾人的邻居、宗教团体及居民社区的一种道德责任,而不是政府的责任。20 世纪 60—70 年代,美国地方政府、企业、社区等开始大量编制应急预案,不过,尽管如此,大约 20% 的地方政府到 1982 年还没有正式的应急预案。美国是使用应急预案较早的国家之一,1992 年,美国发布《联邦应急预案》(Federal Response Plan)。2004 年,美国发布了更为完备的《国家应急预案》(National Response Plan)。

新中国成立以后,我国政府高度重视防灾减灾、安全生产、公共卫生等领域工作,成立专门工作机构,编制相应的规章制度、工作方案与规划,国家有关部门相继制订出台部门性应急预案。如水利、林业、地震、国防科工等部门借鉴国际同行经验,编制了防御洪水方案、森林火灾事故预案、破坏性地震应急预案、核应急计划等。总体来说是以单项应急预案为主要形式,且具有 3 个特点:一是编制零散,"预案体系"不健全;二是部门特征明显,综合协调性弱;三是技术性强,管理性偏弱。当时的"应急预案"主要是针对单一类型的灾害而制订实施的技术性方案,侧重于从专业角度制订应对灾害的具体实施步骤和计划,更多地强调应急响应阶段的工作。

2003 年发生的重症急性呼吸综合征(SARS、非典)加快了国家整体应急管理体系建设的步伐,是我国预案管理工作的分水岭。2003 年 12 月,国务院办公厅应急预案工作小组成立,标志着我国应急预案体系建设工作正式拉开帷幕。2005 年 8 月,国务院出台 31 个省级总体应急预案。2005 年国务院印发了《国务院关于实施国家突发公共事件总体应急预案的决定》),其颁布使得各部门和单位有了相应的编制依据,各级政府互相沟通和协作得到了保障。按照"横向到边、纵向到底"的原则,各级地方政府及其部门编制的总体预案、专项预案和部门预案陆续就绪,至

2005年年初框架初成。2008年对我国应急管理来说是一个特殊的年份，在经历了汶川地震和南方雪灾后，党中央、国务院深入总结我国应急管理的经验和教训，以修订国家总体应急预案为开端，开始了以完备化、可操作化和无缝衔接为主要特征的新一轮预案体系建设。

2014年4月15日，习近平总书记在中央国家安全委员会第一次会议创造性提出总体国家安全观。随后的几年中推出了一系列的相关措施文件，进一步地深化、完善应急管理体系的"一案三制"，"一案"是指制修订应急预案，"三制"是指建立健全应急的体制、机制和法制，为后续的应急体制改革从思想上、法治上奠定了坚实的基础。2018年4月16日，中华人民共和国应急管理部正式挂牌。新组建的应急管理部整合了9个单位相关职责及国家防汛抗旱总指挥部、国家减灾委员会、国务院抗震救灾指挥部、国家森林防火指挥部职责。构建了统一指挥、专常兼备、反应灵敏、上下联动的应急管理体制，优化了国家应急管理能力体系。如今，应急预案的重要性已得到广泛认同，从政府到企业，各行各业都编制使用预案，预案的作用已经超出应急范畴，走向了管理工作的方方面面。

2. 我国预案管理的有关要求

我国各级政府及其有关部门对本行政区域、本行业均有应急预案管理工作的要求。2013年10月国务院办公厅印发了《突发事件应急预案管理办法》，2024年1月国务院办公厅印发了修订后的《突发事件应急预案管理办法》。该《办法》从目的与定义，分类与内容，规划与编制，审批、发布、备案，培训、宣传、演练，评估与修订，以及保障措施等方面作出了具体要求。

1）分类与内容

（1）按照制订主体划分，应急预案分为政府及其部门应急预案、单位和基层组织应急预案两大类。

（2）政府及其部门应急预案包括总体应急预案、专项应急预案、部门应急预案等。

（3）单位和基层组织应急预案包括企事业单位、村民委员会、居民委员会、社会组织等编制的应急预案。

（4）总体应急预案围绕突发事件事前、事中、事后全过程，主要明确应对工作的总体要求、事件分类分级、预案体系构成、组织指挥体系与职责，以及风险防控、监测预警、处置救援、应急保障、恢复重建、预案管理等内容。

（5）专项应急预案是人民政府为应对某一类型或某几种类型突发事件，或者针对重要目标保护、重大活动保障、应急保障等重要专项工作而预先制订的涉及多个部门职责的方案。

（6）部门应急预案是人民政府有关部门根据总体应急预案、专项应急预案和部门职责，为应对本部门（行业、领域）突发事件，或者针对重要目标保护、重大活动保障、应急保障等涉及部门工作而预先制订的方案。

（7）为突发事件应对工作提供通信、交通运输、医学救援、物资装备、能源、资金以及新闻宣传、秩序维护、慈善捐赠、灾害救助等保障功能的专项和部门应急预案，侧重明确组织指挥机制、主要任务、资源布局、资源调用或应急响应程序、具体措施等内容。

（8）针对重要基础设施、生命线工程等重要目标保护的专项和部门应急预案，侧重明确关键功能和部位、风险隐患及防范措施、监测预警、信息报告、应急处置和紧急恢复、应急联动等内容。

（9）单位应急预案侧重明确应急响应责任人、风险隐患监测、主要任务、信息报告、预警和应急响应、应急处置措施、人员疏散转移、应急资源调用等内容。大型企业集团可根据相关标准规范和实际工作需要，建立本集团应急预案体系。安全风险单一、危险性小的生产经营单位，可结合实际简化应急预案要素和内容。

（10）应急预案涉及的有关部门、单位等可以结合实际编制应急工作手册，内容一般包括应急响应措施、处置工作程序、应急救援队伍、物资装备、联络人员和电话等。

2）规划与编制

（1）应急预案编制部门和单位根据需要组成应急预案编制工作小组，吸收有关部门和单位人员、有关专家及有应急处置工作经验的人员参加。编制工作小组组长由应急预案编制部门或单位有关负责人担任。

（2）编制应急预案应当依据有关法律、法规、规章和标准，紧密结合实际，在开展风险评估、资源调查、案例分析的基础上进行。

风险评估主要是识别突发事件风险及其可能产生的后果和次生（衍生）灾害事件，评估可能造成的危害程度和影响范围等。

资源调查主要是全面调查本地区、本单位应对突发事件可用的应急救援队伍、物资装备、场所和通过改造可以利用的应急资源状况，合作区域内可以请求援助的应急资源状况，重要基础设施容灾保障及备用状况，以及可以通过潜力转换提供应急资源的状况，为制订应急响应措施提供依据。

案例分析主要是对典型突发事件的发生演化规律、造成的后果和处置救援等情况进行复盘研究，为制订应急预案提供参考借鉴。

（3）政府及其有关部门在应急预案编制过程中，应当广泛听取意见，组织专家论证，做好与相关应急预案及国防动员实施预案的衔接。涉及其他单位职责的，应当书面征求意见。必要时，向社会公开征求意见。

3）审批、发布、备案

（1）应急预案编制工作小组或牵头单位应当将应急预案送审稿、征求意见情况、编制说明等有关材料报送应急预案审批单位。因保密等原因需要发布应急预案简本的，应当将应急预案简本一并报送审批。

（2）应急预案审核内容主要包括：

①预案是否符合有关法律、法规、规章和标准等规定；

②预案是否符合上位预案要求并与有关预案有效衔接;

③框架结构是否清晰合理,主体内容是否完备;

④组织指挥体系与责任分工是否合理明确,应急响应级别设计是否合理,应对措施是否具体简明、管用可行;

⑤各方面意见是否一致;

⑥其他需要审核的内容。

(3)应急预案应按照相关规定,由主要负责人签发,以本单位或基层组织名义印发,审批或备案方式根据所在地人民政府及有关行业管理部门规定和实际情况确定。

4)培训、宣传、演练

(1)应急预案编制单位应当通过编发培训材料、举办培训班、开展工作研讨等方式,对与应急预案实施密切相关的管理人员、专业救援人员等进行培训。

(2)应急预案编制单位应当建立应急预案演练制度,通过采取形式多样的方式方法,对应急预案所涉及的单位、人员、装备、设施等组织演练。通过演练发现问题、解决问题,进一步修改完善应急预案。

(3)应急预案演练组织单位应当加强演练评估,主要内容包括:演练的执行情况,应急预案的实用性和可操作性,指挥协调和应急联动机制运行情况,应急人员的处置情况,演练所用设备装备的适用性,对完善应急预案、应急准备、应急机制、应急措施等方面的意见和建议等。

鼓励委托第三方专业机构进行应急预案演练评估。

5)评估与修订

(1)应急预案编制单位应当建立应急预案定期评估制度,分析应急预案内容的针对性、实用性和可操作性等,实现应急预案的动态优化和科学规范管理。

(2)有下列情形之一的,应当及时修订应急预案:

①有关法律、法规、规章、标准、上位预案中的有关规定发生重大变

化的；

②应急指挥机构及其职责发生重大调整的；

③面临的风险发生重大变化的；

④重要应急资源发生重大变化的；

⑤在突发事件实际应对和应急演练中发现问题需要作出重大调整的；

⑥应急预案制订单位认为应当修订的其他情况。

6）保障措施

（1）各级人民政府及其有关部门、各有关单位要指定专门机构和人员负责相关具体工作，将应急预案规划、编制、审批、发布、备案、培训、宣传、演练、评估、修订等所需经费纳入预算统筹安排。

（2）县级以上地方人民政府及其有关部门应对本行政区域、本部门（行业、领域）应急预案管理工作加强指导和监督。

3. 安全生产中预案管理

安全生产中的"预案"，在本质上与国家政府层面上的"应急预案"是一致的。因此，国家有关部门颁布的预案编制、公布、评估、培训与演练等原则和精神，同样适用于安全生产中的预案管理。安全生产的"预案"只是结合工程项目的特点，转化为可供操作的具体实施方案。如果将工程安全生产的"预案"与全社会层面的"预案"相比较，也可以说是"狭义预案"与"广义预案"的区别。

1）生产经营单位应急预案

生产经营单位根据《生产经营单位生产安全事故应急预案编制导则》（GB/T 29639）规定，应依据有关法律法规和标准规范，结合本单位生产实际，编制综合应急预案、专项应急预案和现场处置方案。

综合应急预案是生产经营单位为应对各种生产安全事故而制订的综合性工作方案，是对本单位的应急预案体系、应急组织机构及职责、总体工作程序和应急保障等方面作出规定。

专项应急预案是为应对某一类型或几种类型事故,或者针对重要生产设施、重大危险源、重大活动防止生产安全事故而制订的专门工作方案。主要包括适用范围、组织机构及职责、响应启动、处置措施和应急保障等内容。

现场处置方案是根据不同生产事故类别,针对具体的场所、装置或设施所制订的应急处置措施。现场处置方案侧重于事故发生后相关单位、岗位或人员所采取的措施或注意事项。

2)工程建设项目应急预案

在工程建设中,对于一个项目来说预案分为总体预案和专项预案两类(图6-1)。

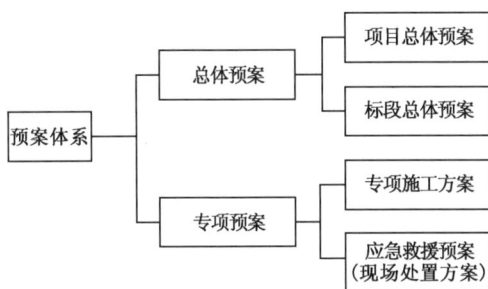

图6-1 预案分类

(1)总体预案包括项目总体预案和标段总体预案。

①项目总体预案:根据有关法律、法规和行业标准,结合项目特点,在对项目进行安全风险评估的基础上,结合项目危险性较大工程风险源状况、风险分析情况和可能发生的事故特点,由业主单位牵头,并组织编制。

②标段总体预案:根据本标段的工程特点,结合项目危险性较大工程风险源状况、风险分析情况和可能发生的事故特点,由施工单位牵头,并组织编写。

(2)专项预案包括专项施工方案和应急救援预案(现场处置方案)。

专项施工方案原则上是指按规定要求的危险性较大的分部分项工程,由施工单位技术负责人编写。应急救援预案(现场处置方案)应包括可能发生的事故类型及其主要处置措施、应急组织机构和人员的联系方式、应急物资储备清单等附件信息。附件信息应当及时更新,确保信息准确有效。

专项施工方案关注施工过程中技术层面需要考虑的问题,应急救援预案(现场处置方案)则关注工程事故发生后救援救护层面需要考虑的问题。

项目总体预案、标段总体预案、专项预案之间应相互衔接,并与所涉及的其他单位的应急预案相互衔接。

3)预案编制的主要内容

(1)项目总体预案的主要内容

①编制依据、工作目标;

②适用范围、实施原则和响应分级;

③工程总体概况、危险性较大的工程项目及其主要风险源;

④实施预案的组织机构及职责;

⑤应急响应(信息报告、预警管理、应急处置和响应终止等);

⑥应急保障(应急队伍、物资装备、交通、医疗和后勤等保障措施)。

(2)标段总体预案的主要内容

①编制依据;

②指导思想、实施原则和工作目标;

③标段工程概况、危险性较大的工序;

④对危险性较大的工序的风险源分析以及相关预防措施;

⑤实施预案的组织机构及职责;

⑥各项预案的启动、实施和演练。

(3)专项施工方案的主要内容

①编制依据;

②分部分项工程概况,包括施工平面布置、施工要求和技术保证条件;

③影响质量安全的危险源分析,以及相关预防和保障措施;

④相关措施的设计计算书和设计施工图纸等设计文件;

⑤施工准备和部署,包括施工方法、观测步骤、劳动力计划;

⑥应急处置救援预案;

⑦安全检查和评价方法。

(4)应急救援预案(现场处置方案)的主要内容

①编制依据;

②确定可能发生的安全事故类型;

③应急救援原则;

④应急救援组织机构、救援组成人员包括主要负责人和有关人员、现场指挥人、主要救援队伍;

⑤应急或事故现场处置(包括事故报警、现场警戒、人员撤离和医护人员引导等);

⑥报警、通信联络方式;

⑦应急救援保障(救援器材、防护器具、自救和互救等注意事项);

⑧应急救援的宣传、培训和演练。

4)预案评审

项目总体预案由项目业主技术负责人编写,报其上级主管单位审批;标段总体预案和专项施工方案由施工单位技术负责人编写,驻地监理工程师审核,总监理工程师审批。施工安全专项方案应附安全验算计算表,必要时应组织专家讨论。应急救援预案由施工单位编写,报项目业主备案。

预案评审总的思路是:

(1)法律法规分析。分析与国家安全生产、职业卫生、环境保护、应急管理法律、法规的符合性,通过分析可以防止预案之间,以及预案与法律之间可能产生矛盾,保障预案与法律之间的一致。

(2)风险分析。通常应考虑下列因素:类似工程的情况、地理因素、人为因素、管理问题。

（3）技术分析。分析实施方案的理论依据、计算方法、技术措施等。

（4）应急能力分析。主要是所需要的资源与能力是否配备齐全；外部资源能否在需要时及时到位；是否还有其他可以优先利用的资源。

具体要注意以下6个方面：

（1）预案主题与内容的一致性；

（2）编制依据（引用文件）的合法性；

（3）危险目标与危险源辨识的准确性；

（4）技术路线与措施的正确性；

（5）相关单位、人员之间的协调性；

（6）救援组织机构或处置方案的合理性。

5）预案的演练

应急预案的演练是应急准备的一个重要环节，是针对可能发生的事故情景，依据应急预案而模拟开展的应急活动。相关法律法规和应急预案对预案的演练都有明确的要求。应急预案的演练包括桌面演练、功能演练和全面演练。

桌面演练是指相关应急单位的代表和关键岗位的人员，按照应急预案的运作程序讨论紧急情况时应采取的行动计划。桌面演练一般在会议室进行，通过讨论，解决应急预案存在的问题，锻炼应急管理人员解决问题的能力。桌面演练主要解决各部门的协调行动，检查各单位的应急准备情况。通过演练评估预案存在的问题，提出改进的措施和建议。桌面演练结束后提出书面报告，根据报告中的改进意见，要对应急预案进行修改完善。桌面演练的成本低，通常也可为功能演练和全面演练做准备。

功能演练是指针对应急预案中的某项应急响应功能或其中某些保障功能进行的演练。功能演练一般在应急指挥中心举行或模拟事故现场进行。根据事件功能要求，调用必要的设备和人员，检验应急响应人员以及应急管理体系的反应能力。

全面演练,即针对某类事件发生而开展的整个预案演练。通过演练,可以发现应急预案存在的问题,检查预案的可行性和应急反应的准备情况,进一步完善应急运行工作机制,提高应急反应能力。应急预案全面演练需要投入大量的人力、物力和财力。在对预案进行全面演练的同时,为减少应急演练支出,提高应急演练的效果,对重大突发事件的预案进行演练可采取桌面演练、功能演练方式进行。

演练前应制订演练方案并向参演人员进行技术交底。演练后,要真实记录演练情况。针对演练过程中发现的问题对预案进行修改完善,并再次进行宣讲、培训。

4. 预案管理需要注意的问题

1) 预案编制的基本要求

编制预案必须以客观的态度,在全面调查的基础上,以各相关方共同参与的方式,开展科学分析和论证,按照科学的编制程序开展预案编制工作。根据有关法规的要求,编制预案时应进行合理策划,做到重点突出,反映危险性较大工程的风险源及重大事故风险,并避免预案相互孤立、交叉和矛盾。

应急预案的编制应当符合下列基本要求:

(1)符合有关法律、法规、规章和标准的规定;

(2)结合本地区、本单位、本项目的安全生产实际情况;

(3)结合本项目、本工艺、本工序的危险辨识与控制措施情况;

(4)应急组织和人员的职责分工明确,并有具体的落实措施;

(5)有明确、具体的事故预防措施和应急程序,并与其应急能力相适应;

(6)有明确的应急保障措施,并能适应本地区、本单位、本项目的应急工作要求;

(7)预案基本要素应齐全、完整,预案附件提供的信息应准确;

（8）预案内容与相关应急预案相互衔接。

2）预案的关键是针对性和可操作性

现在有不少预案抄袭、拷贝现象严重。看到相同的工序，不看施工环境、不管施工季节，就照搬照抄别人的安全管理预案。其实与自己管理的项目差别很大，由此编制的预案无任何指导意义。预案操作程序的描述应当尽量做到简单清晰，一般应包括适用范围、职责、具体任务说明、操作步骤、负责人员等要素，作为组织或个人履行应急预案所规定的职责和任务时的详细指导。操作程序应尽量采用流程框图或表格的形式，对每项活动留有记录区，供逐项检查核对时使用。已经做过核对标记的检查表，自动成为应急活动记录的一部分。

3）预案的科学管理

预案管理应遵循综合协调、分类管理，分级负责、动态管理的原则。综合协调就是要注意本预案与上级应急预案的衔接、与相邻预案的联系、与预案中涉及的有关单位和人员的配合情况。分类管理就是预案的管理思路要清楚，可以按照工程性质分类，如危险性较大的分部分项工程与一般工程，特种工艺（设备）与通用工艺（设备），技术风险与人员应急救援等。也可以按照管理权限分类，如上级应急预案、本级应急预案和相关单位应急预案等。分级负责要明确预案编制和管理的职责，谁编制、谁管理、谁负责。动态管理其实也就是强调预案的针对性，不是一个预案包打天下，一个预案定好后一成不变。古语讲"明者因时而变，知者随事而制"，就说明了预案编制要因施工环境变化、施工手段变化和施工人员变化而不断修改完善。

4）预案的宣传与培训

在实际工作中，经常出现预案编制、审核、批准后，就刀枪入库、束之高阁的现象。回想预案编制的过程，编写人是少数、审批人是少数、管理人是少数，三个过程一叠合，可以说熟知预案内容的人几乎寥寥无几了，那么编制预案的意义又何在？到头来，突发事件一发生，现场人员还是毫无头绪。因此,对审批后的预案培训工作要摆上安全管理的重要议事日程。为了保证预案培训的效果,一般将预案内容进行分解,按照管理人员、技术人员和一线作业人员的不同要求进行宣传培训。应急培训的基本内容至少包括以下几方面:①报警;②疏散;③火灾、高空坠落、车辆与用电等事故应急抢救;④不同水平应急者培训,即初级意识水平与操作水平、危险物质专业水平、危险物质专家水平、事故指挥者水平。

5)预案内容的修订与更新

牢固树立"预案不完善就是隐患,培训不到位就是隐患,演练不到位就是隐患"的新理念,切实做好"动态管理"。这里应包含三层含义:一是预案编制要因施工环境变化、施工手段变化和施工人员变化而不断修改完善。二是预案编制是否具有针对性和可操作性,还要通过必要的演练来验证。通过演练对预案内容的适应性、人员(部门)配合的协调性、应急措施的实效性等方面进行考验,以达到进一步修改完善的目标。三是注意每次修订后的预案,都要随之更新和核定应急资源调配清单,以及相关单位和人员的信息。

6)要重视预案的桌面演练

预案的演练是预案管理的一个重要环节。对于演练大家往往都是想到实地演练,但是又因实地演练动用人员多、费用大、需要时间长而畏缩。其实有效地使用桌面演练也是一个好的形式。这里,通过一个试验结论来介绍"精神想象法"。麦克斯威尔·马尔茨博士是一位外科整容医生,他在《心理控制论》一书中,讲到他为一个篮球队所做的想象试验。他要求五名队员连续几天在体育馆里练习罚球投篮,另外五名队员只在心里练习,但要想象每次罚球命中的情形。五天之后,马尔茨博士在两队间组织了一次比赛,结果,那些用想象的方式练习罚球的队员,竟然比那些在球场真打实练的队员命中率更高。如今,越来越多的业余运动员和职业运动员把相当多的时间花费在他们的精神训练上。例如,撑竿跳高运动员会想象他们在每一跳的每一个动作中获得进步,他们不仅想象最终的目标,而且想象动作完美时候的身体感觉。研究显示,这种精神想象法,学习速度会更快一些。体育心理学家认为,在现实事件或临场比赛中,这些精神训练发送出的神经肌肉信号,可以激发运动员超水平发挥。当然,这只是一个试验结果,不一定对任何事件都是适用的,但是至少可以说明采用桌面推演预案也是有一定效果的。

案例1 马鞍山长江公路大桥 MQ-09 标预案编制与演练

1）MQ-09 标安全预案及专项方案编制

（1）MQ-09 标安全预案及安全专项方案汇总表（表6-1）

MQ-09 标安全预案及安全专项方案汇总 表6-1

序号	文件编号	文件题名	日期
1	MQ09-MQ(GL)007-007	钻孔桩施工安全专项方案	2010.01.23
2	MQ09-MQ(GL)007-009	生产安全事故综合应急救援预案	2010.03.26
3	MQ09-MQ(GL)007-013	安全环境保障体系	2010.03.06
4	MQ09-MQ(GL)007-015	门式起重机安装安全专项方案	2010.03.30
5	MQ09-MQ(GL)007-019	安全环境保障体系	2010.04.20
6	MQ09-MQ(GL)007-021	消防管理制度	2010.04.27
7	MQ09-MQ(GL)007-024	承台及下部结构施工安全专项方案	2010.09.23
8	MQ09-MQ(GL)007-030	基坑处理补充方案	2011.01.14
9	MQ09-MQ(GL)007-032	墩身脚手架搭设安全专项方案	2011.01.21
10	MQ09-MQ(GL)007-036	90 号墩承台施工支护方案	2011.04.06
11	MQ09-MQ(GL)007-040	桥梁上部结构施工安全专项方案	2011.08.22
12	MQ09-MQ(GL)007-053	少支点现浇支架拆除方案	2012.03.03
13	MQ09-MQ(GL)007-061	护栏施工安全专项方案	2012.11.11
14	MQ09-MQ(GL)007-064	夜间施工应急救援预案	2013.01.24
15	MQ09-MQ(GL)007-065	大临设施拆除安全专项方案	2013.06.24

（2）预案审批与备案

由施工单位项目部总工程师编制后,先报施工单位主管安全部门审核,审核后再报工程监理驻地办复核,然后上报至总监办审批。总监办批复后,施工单位、总监办、驻地办各留一份,项目办备案一份。

（3）制订预案宣贯计划

施工单位项目部制订预案宣贯计划，并适时组织实施。

2）预案演练实例：消防灭火实地演练

（1）演练计划

项目部决定于 2010 年 6 月 22 日下午 4：30，在钢筋加工区开展火灾应急救援演练。

参加人员主要有：项目部各领导、各部门负责人及部门成员、钢筋作业队、保安、基础结构分公司作业人员。

（2）演练目的

为了提高职工消防应急能力，全力、及时、迅速、高效地控制火灾事故，保障企业财产和人员的生命安全，加强消防意识；掌握消防技术，使员工在遇到突发火灾的情况时，能够及时有序地撤离到安全区域，保证生命安全，最大限度地减小火灾事故损失。

（3）演练安排

6 月 20 日晚，在项目部一线工人业余学校，由安环部部长杨某对所有参与人员进行了本次演练的交底。

本次火灾应急预案演练设置等级为二级响应。火灾影响范围基本处于场内范围，由项目部人员对起火点进行扑救，同时紧急疏散该区域人员并抢救物资。

（4）演练经过

模拟火灾场景：6 月 22 日下午 4：30 左右，钢筋加工区突然发生火灾。火灾由电缆线老化破损引起，然后引燃旁边的防雨油布，受风向等因素影响，火情正一步步向防雨油布、油漆存放点蔓延，火情非常紧急。

①钢筋加工区现场作业人员发现火情立即向钢筋加工区现场负责人报告，钢筋加工区负责人接到火情报告后，立即组织人员第一时间灭火，并向项目经理报告起火点现场情况。

项目部经理接到火情报告后立即启动火灾应急救援预案，各应急救援小组及时就位并展开工作,相关人员赶往火灾现场。

②消防灭火组:负责人杨某,负责组织生产部、钢筋作业队人员赶往火灾现场灭火。

③伤员营救组:负责人吴某,负责了解是否有人员受伤,并决定是否需要联系120救护车救援。

④保卫疏导组:负责人李某,负责组织疏散火灾现场作业人员,对事故现场划定警戒区,阻止无关人员进入现场,保护事故现场不遭到破坏。

⑤物资抢险组:负责人郑某,负责组织项目部各部门人员及部分钢筋作业队人员抢救现场物资。

⑥后勤供给组:负责人吴某,负责现场抢险物资、器材器具的供应及后勤保障。

⑦技术指导组:负责人武某,负责火灾救援过程中的技术指导。

⑧事故调查组:负责人王某,负责协助相关部门分析事故发生的原因、经过、结果及经济损失等,将调查的情况及时上报公司和上级主管部门。

⑨经过全体参与人员的共同努力,火灾被扑灭。现场指挥李某向总指挥施某报告火灾扑灭情况。

⑩参加预案演练的全体人员及员工在2号办公楼前广场集中,总指挥对演练过程进行评述。

(5)演练总结

演练结束后,在项目部会议室召开总结会,对演练过程中取得的成效和存在的不足进行讨论总结。

在演练总指挥的指导下,通过各个参与演练人员的共同努力,本次演练圆满完成,取得了一定的消防经验。

①通过此次演练能使大家了解并熟悉突发事故的应急救援程序,能按照相应程序做出及时有效的反应,从而最大限度地减小事故损失。

②本次演练中的人员分组基本上确定为项目部以后生产中突发事故应急救援的人员分组,使大家在面对突发事故时能明确知道自己的职责和需要

做出的反应,各司其职,从而避免应对突发事件时局面混乱的情形。

③通过演练中对火灾知识、消防应急知识的学习,为项目部对火灾突发事故的应急积累一定的经验,也能一定程度上提高大家的消防意识。

此次演练虽然取得了相应的成效,但过程中也存在一定的不足,值得我们在以后的演练和应对突发事故时学习。

①受演练场地的局限,演练中人员疏散、物资抢救等安全通道不明显。在真实的突发事故中这两个环节都是重中之重,必须有序执行。

②现场的灭火器数量不够,因此在救援物资中除了提供的灭火器外,还要有消防用水、水管、水桶、消防沙、消防铁锹等物资。其中水桶、铁锹等需要在现场增加配备。

③真实事故中很可能有人员受伤,因此在120救护车到达前,需要第一时间对伤员进行救治,这就要求项目部配备急救医疗箱,伤员营救组人员应掌握急救的基本知识。

总体而言,此次演练取得了预期成效,同时也暴露出工作中的不足,为今后实际工作指明了方向。

案例2 ××标段满堂支架突发坍塌事故桌面演练

2014年5月17日下午,××高速公路建设项目办会议室,准备开展××标段满堂支架突发坍塌事故桌面演练。参加演练的有建设单位项目办主任、副主任、安全部部长、技术部部长和办公室主任,监理单位总监、高级驻地监理,施工单位项目部经理、副经理、总工、专职安全员、混凝土现浇班组班组长等人员。

项目办会议室,大家围坐在会议桌旁。项目办主任介绍本次桌面演练的主题、目的和要求。本次演练为桌面演练,有关人员只需口头报告自己的规定动作。宣布桌面演练开始。

(1)项目办主任介绍:××班混凝土班组长发现正在进行箱梁现浇作业的过程中,发生满堂支架坍塌。

①班组长:

a. 马上用手机报告项目部经理；

b. 通知班组其他人员赶赴现场；

c. 拨打 120 急救中心电话。

②项目部经理：

a. 用手机通知副经理、总工和专职安全员；

b. 用手机向项目办主任报告；

c. 自己立即赶赴事故现场。

③项目办主任：

a. 用手机通知副主任、安全部部长、技术部部长和办公室主任；

b. 用手机通知总监；

c. 自己赶赴事故现场。

④项目办办公室主任：

a. 用手机拨打 120 急救中心电话；

b. 用手机向当地安全生产管理部门报告；

c. 赶赴干线公路与施工便道交叉口，迎接 120 救护车。

⑤项目办副主任：

a. 通知有关人员到达事故现场；

b. 自己赶赴事故现场。

(2)项目办主任介绍：有关人员已经到达事故现场。

①项目部经理：

a. 要求副经理、总工按照预案要求，履行应急职责；

b. 指挥有关人员清理现场，给 120 救护车留出停车位。

②项目部副经理：

带领班组等有关人员开展施救。

③项目部安全部部长：

a. 封闭现场，并拉出警戒带，防止人员无序跑动；

b. 组织人员准备担架、绷带等急救器材。

④项目部总工：

a. 带领技术部人员观察支架坍塌情况,防止次生事故发生；

b. 指挥电工控制现场用电。

(3)项目办主任介绍:120救护车到达事故现场。

项目部安全部部长：

a. 指挥120救护车停靠指定位置；

b. 安排人员协助医护人员抬担架等工作。

(4)项目办主任介绍:伤员已经全部送往医院。

项目部经理：

a. 宣布事故抢险基本结束,封闭事故区,等待对安全事故的调查分析；

b. 宣布本标段能够暂停工序的工作立即暂停,全面开展隐患排查。

(5)项目办主任点评：

a. 本次桌面演练主要是演练在坍塌事故发生后,有关部门和人员用语言回答规定动作,没有进行实地演练,仅是熟悉环节和规定动作,因此实际情况发生时,要冷静处理,做好规定动作。

b. 工地现场警戒带、绷带和一些急救器具准备情况,监理单位要实地检查落实。

c. 对满堂支架坍塌后人员救护工作,施工单位要再细化,多设想一些情景。

预案是针对潜在的或可能发生的突发事件及其影响程度,基于评估分析或实践经验,事先制订的应急工作方案,具有专一性、专业性、周密性、时限性等特点。预案分为总体预案和专项预案,其编制是根据研究对象由大到小、预防措施由粗到细的渐进过程。编制好一个科学的预案,只是安全应急管理工作的第一步,预案的生命力在于指导性和实用性,因此预案管理要重在宣传、演练、不断改进和完善。

■■■■■ 七、谈预控

预控在安全管理中是一个非常关键的环节。如果说预案是在工程还没有实际开始所做的一项工作，或者说属于纸上谈兵的话，那么预控就是工程已在进行中，但是又在对所预控的工序还没有开展之前，处于一种已经进入阵地的临战状态。这种状态中施工的环境条件、作业人员的素质和工艺水平等因素基本呈现，影响安全生产的主要因素已经形成。风险预控是指在危险源辨识和风险评估的基础上，预先采取风险控制措施，消除或控制安全生产风险的过程。对容易引发突发事故的危险源、危险区域进行重点监控防范，防患于未然。

风险预控措施都是在危险源正式暴露之前制订并开始执行的措施。在生产作业活动中，早期采取相应的控制措施，有利于快速应对处置，可以将发生事故的可能性降至最低，或将损失控制在较小的范围内和较低的程度上。因此如果做好了预控工作，安全生产管理从某种程度上说就达到了事半功倍的效果。

1. 预控工作主要内容、流程与依据

预控工作主要由风险源辨识与分析、风险源预控对策、风险源隐患

整改三部分组成。风险源辨识与分析主要是运用相关法律法规、标准规范以及案例经验,对施工状态进行风险源的排查或风险评估。风险源预控对策主要也是运用相关法律法规、标准规范以及案例经验,提出预防危险或避免安全生产事故的措施。风险源隐患整改主要是按照风险源预控对策要求,实施风险源整改措施,实现安全生产目标。

在实际工作中,预控工作也可以拓展为风险评估。风险评估通常分为风险辨识、风险分析、风险估测和风险控制四个阶段,可简称为"辨、析、估、控"。风险辨识主要是回答风险源的存在形式和表现形式,风险分析主要是解决风险传递路径问题,风险估测主要是衡量风险大小,风险控制主要是提出风险控制措施和建议。风险评估流程如图 7-1 所示。

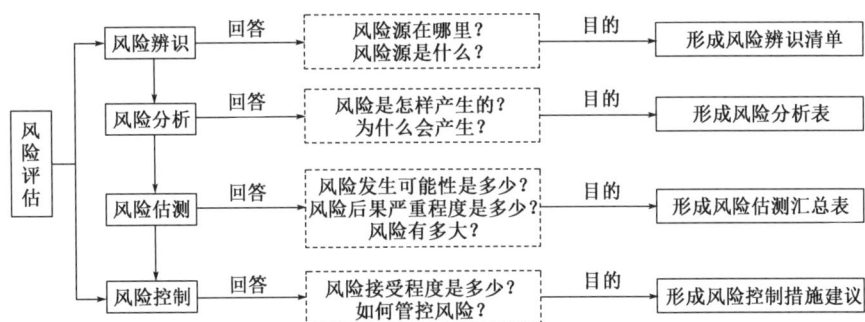

图 7-1　风险评估流程

风险源辨识和分析的方法可分为两大类,即直观经验分析法和系统安全分析法。其依据主要有:

①国内外相关法律、法规、条例、规范、标准和其他要求;

②本行业技术标准、规范和规程等;

③本企业内部的规章制度、作业规程、安全技术措施等相关信息;

④相关的事故案例;

⑤其他相关资料。

2. 直观经验分析方法

直观经验分析方法包括对照分析法和类比推断法，常用的形式有：询问交谈、现场观察、查阅文件、借鉴与咨询、预先危险性分析等。

对照分析法即对照有关标准、法规、检查表或依靠分析人员的观察能力，借助其经验和判断能力，直观地对分析对象的危险因素进行分析。对照分析法具有简单、易行的优点，但由于它是借鉴以往的经验，因此容易受到分析人员的经验、知识和占有资料局限等方面的限制。

类比推断法也是实践经验的积累和总结，是利用相同或类似工程中作业条件的经验以及安全统计来类比推断被评价对象的危险致因。新建工程项目可以考虑借鉴具有同类规模和装备水平的企业的经验来辨识危险致因，结果具有较高的置信度。

1）询问交谈法

通过与从事某类施工的人员进行询问和交谈，从中获知该类作业活动的危害信息，初步分析出即将进行的工作中存在的风险源。

（1）使用时机

采用询问、交谈方法所获得的信息往往来源于以往的经验或现场的感觉，故作为风险源辨识人员可以在以下情况考虑使用该方法：

①为开展风险源识别而对某类施工过程以往的危害信息进行收集时；

②与有较丰富的类似经验的人员（或专家）进行接触时；

③对完成的某项施工过程的风险源辨识结果进行观察和验证时。

（2）适用范围

在项目策划阶段进行现场地形、周边环境等调查时，与有类似施工活动经验、技术和管理阅历的人员，特别是那些在类似施工过程中有安全事故经历的人员进行询问、交谈。采用该方法效果最佳。

（3）优缺点

优点是简单、快捷，可以从被访问者口中直接获知所分析施工活动的第一手危害信息,从而很快地得出直接的辨识结果。

缺点是所获取信息的内容依赖于接受询问、交谈者的经验,受被访者数量、范围、工作经历对风险源辨识结论影响较大。由于经验的局限性,通过询问、交谈得到的信息往往是有限的、不全面的,因此,一般都需要与其他辨识方法配合使用。

2)现场观察法

通过对现场作业环境、工序安排和设备存放等情况进行观察和分析,发现存在的风险源。

(1)使用时机

现场观察方法具有直观、即时的特点,可直接获得现场环境和作业状况信息,故作为风险源辨识人员可在以下情况时使用该方法:

①项目实施前的现场踏勘;

②施工过程各阶段;

③对施工前辨识进行验证。

(2)适用范围

对于现场作业环境较为简单、安全影响因素不多,正在进行的施工作业活动(部位),均可考虑采用现场观察法进行风险源辨识。尚未发生或已发生、已被后续工序覆盖的活动不宜采用该方法进行风险源辨识。

(3)优缺点

优点是直观、随时可进行。可及时对施工过程中风险源的动态进行跟踪。

缺点是只能对正在发生的活动进行观察,对未发生的活动、已发生过的活动则不能使用该方法。现场观察是风险源辨识的基本方法,该方法贯穿于其他风险源辨识方法中,一般情况下不单独使用,建议与安全检查表法,以及其他系统安全分析方法配合使用。

3)查阅文件法

通过查阅施工作业活动的文件、记录及以往类似施工过程中的安全事故文献,发现存在的风险源或者隐患(残留风险)。

(1)使用时机

在项目施工的中期,或者已完成阶段性任务时,对下阶段安全生产进行风险辨识。因此,一般情况下,对项目已经完成的工序风险源或隐患(残留风险)辨识时可采用此方法。

(2)适用范围

对于已完成的和正在进行的施工作业活动或工序,均可使用该方法进行风险源或隐患(残留风险)辨识。

对于建筑业高风险的施工作业活动(部位),如高空(临边)作业等,特别是以往发生过事故、职业病的施工过程,均应对以往相关记录进行查阅。

(3)优缺点

优点是有针对性,可直接了解所分析施工活动中存在的基本的风险源信息,特别是隐患(残留风险)。

缺点是:①查阅历史和施工前期的记录、文件有局限性。历史的文件、记录所涉及的作业人员、施工方法、作业环境、使用材料和设备可能不全面;施工前期涉及的文件、记录因作业活动未全面展开,涉及的信息有限。②风险源辨识结果不完整。查阅文件记录是风险源辨识或者隐患(残留风险)辨识的基本方法,它只能对已形成的文件或记录的活动或工序进行风险源辨识,在实际工程中,因作业人员、施工方法、作业环境、使用材料和设备的实际与文件记录可能有差异,仅从文件记录来分析,可能不全面、不充分。还应与询问交谈、现场观察等分析方法配合使用。

4)借鉴与咨询法

通过从其他类似施工作业、文献资料、专家咨询等方面获取有关风险信息,加以分析研究,辨识出所分析施工活动中存在的风险源。

(1)使用时机

通常在本企业类似施工经验不足,内部相关信息较少的情况下使用。

也可应用此方法补充相关风险源识别的信息。

（2）适用范围

对于应用新技术、新工艺、新设备、新材料，或者本企业施工经验少的施工内容，在进行风险源辨识时，可通过收集国家、地方、行业标准规范中强制性要求等资料，以及类似施工先例的事故分析报告、相关方投诉报告、专家咨询等形式进行风险源辨识。

（3）优缺点

优点是有针对性，可直接了解所分析施工活动中存在的基本的风险源信息。

缺点是获取信息量有限，主要来自外部信息，即涉及国家、行业和地方要求、标准规范，及事故调查报告方面的信息，未包括企业内部的信息，其信息量具有局限性。

5）预先危险性分析法

预先危险性分析法（Preliminary Hazard Analysis，简称 PHA），又称初步危险分析法。这种方法是一种起源于美国军用标准安全计划要求的方法。

通过预先危险性分析法力求达到以下 4 个目的：

①总体识别与系统有关的主要危险；

②鉴别产生危险的原因；

③预测事故出现对人体及系统产生的影响；

④判定已识别的危险性等级，并提出消除或控制危险性的措施。

（1）使用时机

预先危险性分析法是进一步对危险进行宏观的概略分析，是一种定性方法。在项目发展的初期使用。一般用于大型项目施工实施前，以及每项施工活动之前的风险源辨识。通常用于初步设计或工艺装置的研究和开发阶段，当分析一个庞大现有装置或当环境无法使用更为系统的方法时，常优先考虑预先危险性分析法。

（2）适用范围

主要用于对危险物质和装置的主要区域等进行分析,包括设计和施工。生产前,首先对系统中存在的危险性类别、出现条件、导致事故的后果进行分析,其目的是识别系统中的潜在危险,确定其危险等级,防止危险发展成事故。最好在策划阶段采取预先危险性分析法进行风险源辨识,对成熟的施工活动、现场变化比较频繁或已完成的施工作业活动,不宜采用该方法进行风险源辨识。

（3）优缺点

优点是:①能识别可能的危险,用较少的费用或时间就能进行改正。②能帮助项目开发组分析和(或)设计操作指南。③不受行业的限制,任何行业都可以使用。④简单易行、经济、有效。

缺点是定性分析,评估危险等级的分析结果受人的主观性影响比较大。

3. 系统安全分析方法

常用的系统安全分析方法有安全检查表法、故障树分析法、事件树分析法、鱼刺图法、作业条件危险性评价法等。

系统安全分析方法是从安全的角度进行的系统分析,通过揭示系统中可能导致系统故障或事故的各种因素及其相互关联,来辨识系统中的风险源。既可以用来辨识可能带来严重后果的风险源,也可以用来辨识没有事故案例的系统的风险源。系统越复杂,越需要利用系统安全分析法辨识风险源。

1）安全检查表法

安全检查表法(Safety Check List,SCL)是为了查找工程、系统中各种设备设施、物料、工件、操作、管理和组织措施中的危险致因,事先把检查对象加以分解,将大系统分割成若干小的子系统,以提问或打分的形式,将检查项目列表逐项检查。

安全检查表法是利用检查条款,按照相关的标准、规范等,对已知的危险类别、设计缺陷以及与一般工艺设备、操作、管理有关的潜在危险性和有害性进行判别检查。

(1)使用时机

对于有经验的施工过程,一般在项目施工实施前进行风险源辨识时使用,特别是需要快捷地识别风险源的现场比较适合采用该种方法。

(2)适用范围

安全检查表法适用于正在进行或已完成未被覆盖的施工作业活动或工序,最好在施工作业阶段采取安全检查表法进行风险源辨识。对已完成已被覆盖或过去的施工作业活动或工序,不宜采用该方法进行风险源辨识。

(3)优缺点

优点是:①能根据预定的目的和要求进行检查,突出重点、避免遗漏,便于发现和查明各种危险及隐患。②可针对不同行业编制各种安全检查表,使安全检查和事故分析标准化、规范化。③可作为安全检查人员履行职责的凭据,有利于落实安全生产责任制,有利于安全人员提高现场安全检查水平。④安全检查表法形式简单,容易将安全工作推向群众,做到人人关心安全生产、个个参加安全管理,达到"群查群治"的目的。⑤检查方法具体、实用,可避免流于形式走过场,有利于提高安全检查效果。

缺点是不能进行定量评价,而且随着编写人员的经验、能力和对危险因素的关注程度不同,可能造成对部分风险源的忽视和遗漏,导致充分性不足。

2)故障树分析法

故障树分析法(Fault Tree Analysis,FTA)是美国贝尔电话实验室于1962年开发的。故障树分析法采用逻辑方法进行危险分析,将事故的因果关系形象地描述为一种有方向的"树",以系统可能发生或已发生的事故(称为顶事件)作为分析起点,将导致事故发生的原因事件按因果逻辑关系逐层列出,用树形图表示出来,构成一种逻辑模型,然后定性或定量地分析事件发生的各种可能途径和发生的概率,找出避免事故发生的各种方案并选出最佳安全对策。

(1)使用时机

在项目施工的各阶段都可根据需要使用。

(2)适用范围

适用于对机械故障、防护设施缺陷、作业过程已发生各种事故(伤害)等情况,分析导致其产生的各种原因。施工作业过程(活动)处于正常状态时不宜采用该方法进行风险源辨识。

故障树分析可用来分析事故、特别重大恶性事故的因果关系,可进行系统的危害性评价、事故预测、事故的调查分析,沟通事故信息和制订安全措施优化决策,也可用于系统的安全设计等很多方面。

(3)优缺点

优点是故障树分析法形象、清晰,逻辑性强,能对各种系统的危险性进行识别评价,既能进行定性分析,又能进行定量分析。

缺点是:①故障树分析法步骤较多,计算也较复杂;需要的基础数据量大。②故障树分析法对事故调查分析人员要求高,其调查分析事故的原因准确、充分、全面,风险源辨识才准确、有效,反之风险源辨识就不准确、缺乏有效性。

故障树分析法是针对已发生的各种事故进行分析的一种基本风险源辨识方法,它对辨识结果进行补充、细化;针对正常活动,宜采用安全检查表、作业危害分析等系统方法进行风险源辨识。

3)事件树分析法

事件树分析法(Event Tree Analysis,ETA)是安全系统工程的重要分析方法之一。事件树分析法的理论基础是决策论,它是一种归纳逻辑树图,事故发生的动态发展过程形象、清晰地贯穿在整个树图中。它与故障树分析法正好相反,是一种从原因到结果的自下而上的分析方法。

从施工过程的一个初始时间开始,交替考虑成功与失败的两种可能性,然后再以这两种可能性分别作为新的初始事件,如此继续分析下去,直至找到最后的结果为止。这种方法对施工现场比较适宜。

(1)使用时机

在项目施工前、具体作业活动前均可根据需求使用。

(2)适用范围

事件树分析法适用于各种施工过程发生的事件,对作业设备、防护设施出现故障或失效,作业人员发生失误进行分析,辨识所采取措施方面的风险源。对各种施工过程、作业设备、防护设施、作业人员的正常状态不宜采用该方法。

(3)优缺点

优点是事件树分析法是一种图解形式,层次清楚。它既可对故障树分析法进行补充,又可以将严重事故的动态发展过程全部揭示出来,特别是可以对大规模系统的危险性和后果进行定性、定量辨识,并分析其严重程度,可以对影响严重的事件进行定量分析。可以进行多阶段、多因素复杂事件动态发展过程的分析,预测系统中事故发展的趋势。

缺点是事件树分析对人员要求高,既要专业知识全面,还要对施工作业活动流程、特性有全面的掌握和了解,否则风险源辨识就不准确、不充分、缺乏有效性。

4)鱼刺图法

鱼刺图也称因果图,因其形状似鱼刺,故而得名。该方法源于日本,原本用于质量管理,后移植过来用于安全分析,现已成为事故分析的重要方法。

(1)使用时机

在项目施工过程中的各个阶段都可根据需要使用。

（2）适用范围

鱼刺图分析可用来分析事故的因果关系。适用于机械故障、防护设施缺陷、作业过程中已发生各种事故（伤害）等情况，分析产生的直接原因，以便采取有效措施预防。施工作业正常过程（活动）中不宜采用该方法进行风险源辨识。

（3）优缺点

优点是能够对特定事故的风险源进行全面、细致地分析，具有形象直观、条理清晰、逻辑性强等优点。

缺点是：①鱼刺图宜用于曾经发生的事故或者事故原因分析，仅采用这种方法进行风险源辨识，其辨识内容不完整、不充分，会导致风险源辨识结果不完整。②鱼刺图法对事故调查分析人员要求高，其调查分析事故的原因准确、充分、全面，风险源辨识才准确、有效，反之风险源辨识就不准确、缺乏有效性。

鱼刺图法是辨识风险源的一种常用方法，只采用这一种方法进行风险源辨识不全面、不充分。只能作为安全检查表法、其他系统安全分析方法的补充，可以起到对辨识结果进行补充、细化的作用。

5）作业条件危险性评价法

作业条件危险性评价法（LEC）是一种用于评估具有潜在危险性作业环境中危险源的安全评价方法，其中 L（likelihood）表示事故发生的可能性，E（exposure）表示人员暴露于危险环境中的频繁程度，C（consequence）表示一旦发生事故可能造成的后果。给三种因素的不同等级分别确定不同的分值，再以三个分值的乘积 D（danger，危险性）来评价作业条件危险性的大小，即：$D = L \cdot E \cdot C$。D 值越大，说明该作业活动危险性越大、风险越大。

（1）使用时机

一般在具体作业活动实施前的风险源及配套对策风险辨识时考虑。

（2）适用范围

作业条件危险性评价法适用于将要进行的风险源比较清楚、需采取控制措施的各种关键施工作业活动或工序。最好在策划阶段采取作业危害分析法进行辨识，对现场变化较频繁或已完成的施工作业活动或工序不宜采用该方法进行风险源辨识。

对于在风险源辨识当中需要重点关注的施工作业活动，可考虑使用该方法进行分析。如：

①事故发生频率高或不经常发生但会导致灾难性后果的；

②事故后果严重、危险的作业条件或经常暴露在有害物质中导致职业病的；

③新增加的作业，由于经验缺乏，危害明显或危害难以预料；

④变更的作业，可能会由于作业程序的变化而带来新的危险；

⑤不经常进行的作业，由于从事不熟悉的作业而可能有较高的风险。

（3）优缺点

优点是按照作业顺序逐步进行，可对作业活动中的风险源进行全面分析。

缺点是对分析人员的要求较高。分析人员不仅要具有相关安全专业知识，还要对具体作业活动非常熟悉。此外，作业人员暴露于危险环境中的频繁程度定量难。

6）指标体系法

根据影响工程施工安全风险的主要致险因素，建立体现风险特征的评估指标体系，对各评估指标进行数值区间量化分级，并考虑各评估指标的权重系数，再综合评估施工安全风险的一种方法。近年来，依据指标体系法原理，又发展了主控因素判识法，就是直接对项目施工安全风险的主要控制性因素包括建设类型、建设规模、地质水文条件、项目典型特征等进行辨识、分析和量化，从而评判项目的施工安全风险。

（1）使用时机

在工程项目开工前或施工期中未开工的单位工程进行风险评估与预控。

（2）适用范围

指标体系法适用于规模较大、工艺工序复杂，同时致险因素多、风险高的工程项目。

（3）优缺点

优点是针对性强，可直接了解施工活动中存在的基本的风险源信息。定性与定量结合，便于总体把握风险程度。

缺点是易受评估人员的认知能力影响，评估结论有一定的局限性。

4. 满意准则分析法

满意准则分析法（Satisficing Method）是一种决策方法。决策者在决策过程中，由于受到信息、认知能力等多种因素的限制，难以找到最优解。为此，决策者设定一个可接收的满意度阈值，选择一个达到或超过该标准、而非绝对最优的方案。

在安全管理中，满意准则分析法的应用步骤是：

1）建立风险损失模型

风险损失是指工程在风险事态中遭受的结构损伤、人员伤亡等直接影响和间接影响。一般根据人员伤亡、时间延误和经济损失综合考虑，将风险损失依照从小到大的原则分为 1~5 五个等级。

2）建立风险概率模型

风险概率模型是对工程风险损失发生可能性的数学描述。通常风险事态发生的概率等级分为 5 级，见表7-1。

风险事态概率等级 表 7-1

风险损失等级	1	2	3	4	5
文字描述	几乎不可能	很少	偶然	可能	频繁
概率	<0.5‰	0.5‰~1.0‰	1.0‰~2.0‰	2.0‰~3.0‰	>3.0‰

3）绘制 ALARP 图

ALARP（As Low As Reasonably Practicable）风险决策准则图是满意准则的具体体现。根据风险事件发生的概率（P）和造成的损失（C）可以对风险等级(R)进行划分,并且数值化,即 $R = f(P, C)$。

在工程中,一般通过对决策人的问卷调查得到决策人效用函数的代表值,确定风险等级的划分水平。如图 7-2 所示。风险等级区间划分由风险决策人的风险态度决定,决策人的风险态度取决于决策人的风险效用函数。风险等级区间按照 ALARP 风险决策准则确定各划分区域名称,即将整个风险区域划分为风险不可接受区域、风险可忽略区域和 ALARP 区域。

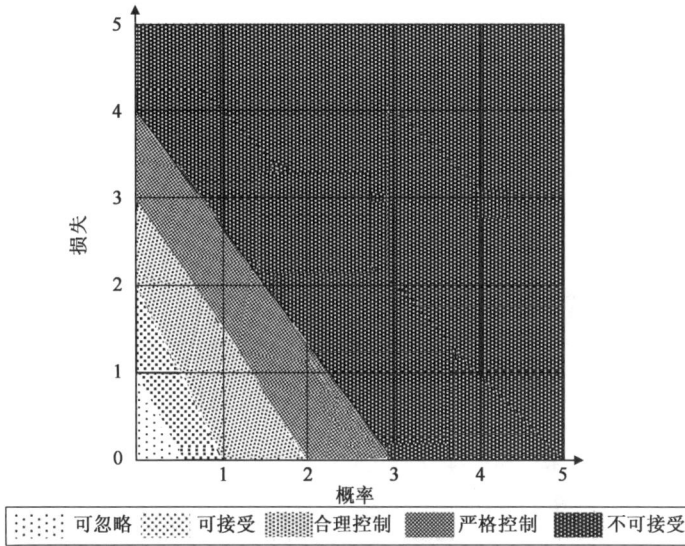

图 7-2 决策人风险等级划分水平

4)评估备选方案

根据备选方案中的风险概率和风险损失两个指标确定的点结果,绘于 ALARR 图中。落于不可接受区域的风险事态必须采用强制水平降低其风险;落于风险可忽略区域的风险事态表明其风险远低于社会可接受水平,不需采取任何措施;落于两者之间区域的风险事态介于可忽略和不可接受之间,应采取合理的控制措施降低其风险。

5. 风险矩阵法

风险矩阵法是一种能够把危险发生的可能性和伤害的严重程度综合评估的定性的风险评估分析方法,它是基于风险由事件发生的可能性和影响程度共同决定的原理。某种意义上说，它是一种风险评估可量化的工具，是较为常用的一种方法。

1）事故可能性等级划分

事故可能性一般划分为不太可能、可能性很小、偶然、可能、很可能5个级别，对应等级为1级到5级。

2）事故后果严重程度等级划分

事故后果严重程度统一划分为小、一般、较大、重大、特大5个级别，对应等级为1级到5级，主要考虑人员伤亡和直接经济损失。人员伤亡程度等级划分可依据人员伤亡的类别和数量进行分级；直接经济损失程度等级划分可依据经济损失金额进行分级。当多种后果同时产生时，应采用就高原则确定风险事件后果严重程度等级。

3）风险等级确定

通常以事故的可能性为横轴，事故后果严重程度为纵轴，形成一个矩阵，矩阵中的每个单元格对应一个风险等级。风险等级一般划分为重大风险、较大风险、一般风险、低风险4级。在实际工作中，一般分别采用红色、橙色、黄色、蓝色来表现（图7-3）。

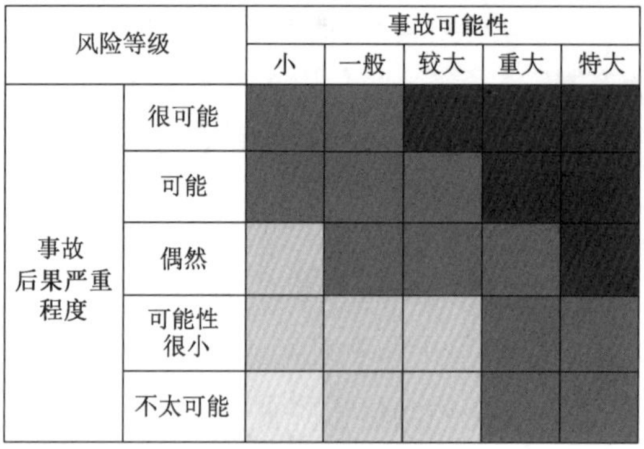

风险等级		事故可能性				
		小	一般	较大	重大	特大
事故后果严重程度	很可能					
	可能					
	偶然					
	可能性很小					
	不太可能					

图7-3　风险矩阵图

6. 常用辨识与分析方法的比较

各种风险源辨识方法都有各自的特点和适用范围，在应用时应根据工程作业的特点、具体条件和需要,慎重选择。每一种方法都有自己的局限性,在风险源辨识过程中,可同时选择几种方法对同一工程或作业进行风险源辨识,互相补充、分析、综合,以提高辨识的全面性、系统性。常用辨识方法对比见表7-2。

常用辨识与分析方法比较　　　　　　表7-2

名称	分类	适用范围	主要优点	主要缺点
询问与交谈法	定性	在项目策划阶段进行现场地形、周边环境等调查	简便、快捷、直接	主观性强,受调查人与被调查人的影响较大
现场观察法	定性	正在进行的施工作业活动(部位)	直观、随时可以进行	受调查人影响大,前期准备工作量大
查阅文件法	定性	对过去已有文件记录的作业活动分析前阶段施工残留风险	有针对性、直接	受前阶段管理的基础工作影响大
借鉴与咨询法	定性	适用新技术、新工艺、新设备、新材料的工程;施工经验少的工程	有针对性、直接	获取信息量的局限性
预先危险性分析法	定性	项目施工实施前或初期,常用于大型或复杂的工程	具有超前性、系统性	对调查人员要求高、受人的主观影响大
安全检查表法	定性	项目施工实施前,以及施工活动中	简便、实用、易于掌握	难以定量评价,工作量大,对人员要求高
故障树分析法	定性与定量	施工各阶段,用于直接经验较少的风险源辨识	通用性强,可定性、定量分析,逻辑清晰	工作量大、较复杂。对调查人员要求高。若故障树编制有误,易失真
事件树分析法	定性与定量	项目施工前、具体作业活动实施前均可根据需求使用,常用于预控	层次清楚,阶段明显	对调查人员要求高
鱼刺图法	定性	项目施工过程中各个阶段	形象直观、条理清晰、逻辑性强	宜用于曾经发生的事故或者事故原因分析,对调查人员要求高
作业条件危险性评价法	定性	具体作业活动实施前的风险源辨识及其对策	按作业顺序逐步进行,较能全面反映工况与场景	人员暴露于危险环境中的频繁程度定量难,对调查人员要求较高,工作量大

续上表

名称	分类	适用范围	主要优点	主要缺点
指标体系法	定性与定量	工程项目施工前期或施工过程中未开工的单位工程	针对性强,便于总体把握风险程度	易受评估人员认知能力影响,评估结论有一定的局限性
满意准则分析法	定性与定量	工程项目规模大、工艺复杂、施工技术性强	决策效率高,实用性强	可能错过最优解,易受认知能力局限性影响
风险矩阵法	定性与定量	工程项目规模大、工艺复杂、施工技术性强	目标明确、层次清楚,具有超前性、系统性	工作量大、较复杂,对调查人员要求高

7. 预控工作方法典型实例

由于预控的对象不同,预控的方法也不尽一样。对于精密度高的工作,预控的方法也随之精细严密;对于粗犷粗放的工作,预控的方法则会更加注重简单易行。从总体上看,预控的方法主要有指标预控、因素预控和综合预控三种形式。指标预控是以定量为主,因素预控是以定性为主,综合预控则是定性与定量的相互结合。下面介绍几个预控形式。

1)分区管理法

分区管理法是湖南省高速公路施工现场安全分区精细管理的做法。其主要的做法如下。

（1）区域划分

根据施工现场布局和作业特点,划分红、黄、蓝、绿4种不同级别的安全管控区域,对工地人员流动进行正确引导和限制。

红色区域,是指可能造成人员死亡或100万元直接经济损失事故的区域,系高危施工区,非特殊施工人员禁止入内,主要包括桥梁主墩,架梁区,桥梁现浇段、桥梁悬浇段,未二次衬砌的隧道段,炸药库,预制场张拉处,隧道变压器房、空压机房,高（危）边坡。

黄色区域,是指可能造成人员重伤或20万元～100万元直接经济损失事故的区域,系危险施工区,非专业施工人员禁止入内,主要包括桥面两侧、绞缝、湿连接已防护段,除主墩外的下部结构,桥梁基础,已二次衬砌的隧道段,挖方区,路基高填区,拌和场,预制场,小型构造物。

蓝色区域,是指可能造成人员轻伤或不超过 20 万元直接经济损失事故的施工区域,系安全施工区,非施工人员严禁入内,主要包括钢筋加工棚、预制块堆放处、路基低填区。

绿色区域,是指参建各方的办公和生活场所,主要包括职工队伍(含劳务工)的食堂、宿舍区、办公区、文体活动场所,闲杂人员不得入内。

(2)分区管理

在每个区域竖立相应颜色的标志牌和隔离带(栅),通过醒目、直观、易懂的图片和文字直接告诉施工人员,尤其是一线工人、周边群众和外来人员,哪些地方可以去,去了要怎么做;哪些地方不能去,去了容易发生什么后果,并派驻安全管理人员值守。

根据分区情况,对施工现场的各种物品进行分类,区分什么是现场需要的,什么是现场不需要的,将现场不需要的物品清理出施工现场,最大限度地消除物的不安全状态。

根据施工区域安全管理重点和人员状况,将企业的安全生产制度提炼压缩,制作成醒目、通俗、易懂的标志和标牌,直接宣贯在工地,告诉相应的作业人员"应该注意什么""应该怎么干"。

根据区域特点,在红、黄、蓝、绿 4 个区域设置安全负责人,明确安全责任,查找现场物的不安全状态,发现、提醒和制止人的不安全行为,使各区域形成"处处有人管、事事有标准、人人有责任、件件有落实"的安全管理局面。

【工作原理】 层别法管理是全面质量管理的一种方法。影响安全生产的因素可能相当多、相当复杂,但是可以通过部门(单位)层别、作业条件层别、材料(设备)层别、时间层别等,寻找安全生产的主要危险源,解析管理中何处(Where)、为何(Why)、谁做(Who)、如何做

（How）等问题，以悬挂标牌标段、明确责任人的方式，加以整改、改善和防控。

2）滚动预控法

滚动预控法是安徽省马鞍山长江公路大桥施工中创建的安全管理预控方法。

定期召开的风险源辨识和预控会议是安全管理的常见形式。如何使会议有实效？关键是会议的内容和落实会议的力度。风险源辨控会议，就是在工程建设中将此项工作用制度的形式加以固化，坚持一以贯之，从而形成长效机制。主要做法如下：

（1）施工单位每月 25 日前，检查本月施工风险源防控措施落实情况，对下月施工过程中可能存在的风险源进行辨识，并制订防控措施，编制《施工安全风险源辨识与防控措施月报表》。

（2）监理单位对《施工安全风险源辨识与防控措施月报表》进行审核。

（3）由业主单位组织召开风险源辨识与防控会议，会上梳理各单位上月预控目标的整改情况，同时对各单位风险源辨识与防控措施进一步分析、补充和完善，并由监理单位和业主单位进行点评。

（4）会后，施工单位及时把三方形成的预控意见布置给专职安全员，同时应利用一线工人业余学校及时向操作工人宣贯本月风险源防控措施。

（5）风险源辨识与防控应重点关注：

①本月遗留问题是否解决；

②下月工作内容是否符合工作实际；

③风险源辨识是否全面；

④防控措施是否合理可行；

⑤有无危险性较大工程（工序）实施；

⑥有无气象灾害、地质灾害等可能发生；

⑦有无新工人、新设备进场。

(6)风险源辨识与防控会议注意的问题包括:

①风险源辨识与防控会议须明确参会各方责任,即业主单位牵头,施工单位为主体,监理单位审核和点评;

②风险源辨识与防控会议应制度化、常态化,会议形式、内容和召开时间要有明确要求;

③要及时将辨识成果传达至专职安全员和班组长,真正落实到一线;

④业主要对防控措施落实情况及时进行检查。

【工作原理】 动态管理。安全隐患是动态的、变化的,是随着施工工艺、工序的变化而改变的,因此对安全风险的预控不能停留在静态分析。滚动预控法就是基于施工作业在空间、工序上发生变化的情况下,对过去工作或隐患整改情况进行总结分析,每次风险分析和预防在时间上将预控时间顺序向前推进一个时间段,即向前滚动一次。

案例1 马鞍山长江公路大桥第四十四次安全生产风险源辨识与防控会议

会议时间:2013 年 2 月 28 日。

会议地点:马鞍山长江公路大桥项目办、江南(MQ-10 标项目部)、江心洲(MQ-08 标项目部)、江北(MQ-03 标项目部)和交通运输部公路科学研究院(以下简称公路院)5 个会场。采用视频会议形式召开。

参加人员:安徽省交通建设工程质量监督局、马鞍山长江公路大桥项目办、接线工程项目办、公路院专家和各监理、施工单位分管负责人、安全管理人员。

会议前,目前还在施工的 13 个标段上报了《施工安全风险源辨识与防控措施月报表》(格式见表7-3),其中汇报了下个月施工过程中可能存在的辨识源及制订的相关防控措施,并由监理驻地办、总监办和项目办逐级进行了审核签认。

施工安全风险源辨识与防控措施月报表   表7-3

标（合同）段   共 页 第 页

序号	工程内容	存在问题或隐患	监控方法和防治措施	现场负责人	整改完成时间

编制：   复核：   日期：

　　会议听取了部分工序有转换、有新增风险源的5个施工单位本月风险源辨识与防控工作汇报，各驻地办就各标段2月份风险源防控措施落实情况分别进行了评述，总监办、项目办就近期安全生产工作进行了布置，提出了要求。

　　公路院专家对现阶段马鞍山长江公路大桥较大风险源进行了梳理，结合马鞍山大桥实际情况，介绍了高处作业安全知识的相关内容。

　　会议后，各施工单位将会议上形成的意见带回，传达给各自单位专职安全员，再由专职安全员利用一线工人业余学校或者班前会将有关风险源进行发布，同时落实防控措施。各监理驻地办督促这些工作的开展，并在下一次风险源辨识与防控会议上进行评述。

3）幸福指数法

　　幸福指数法是云南省麻昭高速公路建设指挥部提出的。

　　安全幸福指数是体现每天进入施工现场的作业人员对其所处施工部位的环境是否有安全感的一种标志。安全感高则安全幸福指数高，安全感低则安全幸福指数低。由项目管理方代表和施工队伍代表共同确定施工现场安全幸福指数，切实体现全员参与，互相监督。

　　为落实安全幸福指数公示工作，在所有分项工程施工点设置安全幸福指数公示牌，将安全幸福指数以"笑脸文化"的方式予以标识公示，充分体现安全生产管理的人本化和人文化。

（1）安全幸福指数评定

①每天早上班前会结束后，由当班一线作业工人代表（兼职安全员）对当班的工作环境进行评定，并记录。

②工区项目部代表对安全幸福指数进行复核，项目办、驻地办、指挥部安全监督处对安全幸福指数进行抽查。

（2）安全幸福指数管理

①指数为10分的，代表安全防护到位，工作环境安全，公示牌上以"绿色笑脸"表示。

②指数为5分的，表示安全防护基本到位，工作环境基本安全，加强防护后可达到安全，公示牌上以"黄色笑脸"表示。

③指数为0分的，表示安全防护不到位，工作环境不安全，必须进行整改，整改后复评达到10分后方可进行施工，公示牌上以"黄色哭脸"表示。

④指数为－5分的，施工人员可以要求不进入施工现场进行作业，公示牌上以"红色哭脸"表示。该作业点应立即停工整改，整改后复评达到10分后方可恢复施工。

⑤指数不达标进行整改的，按隐患排查制度的要求须做好隐患排查记录、整改记录以及整改情况反馈。

（3）奖惩

①将每个季度工区项目部所有作业点安全幸福指数达到10分的天数占总天数的比例作为三个月阶段目标考核安全奖励的依据。

②对每个季度所有作业点安全幸福指数达到10分的天数占总天数的比例低于80%的工区项目部予以处罚。

③工区项目部应对能如实评定安全幸福指数且及时进行整改、复评的作业班组予以奖励。

（4）记录

表7-4为安全幸福指数记录表。安全生产环境幸福指数公示牌如图7-4所示。

安全幸福指数记录表   表7-4

工区项目部   分项工程：   年   月

日期	指数	评定人	备注	日期	指数	评定人	备注

【**工作原理**】 全员管理。俗话说："众人拾柴火焰高"，讲的就是如果大家都关心、都努力，就一定能形成良好的工作局面。另外，安全生产事关全体作业人员的工作和生命，抓好安全生产也是从业人员的责任和义务。幸福指数由作业人员评定，既保证了他们的权利，也促进了安全管理水平总体的提高。

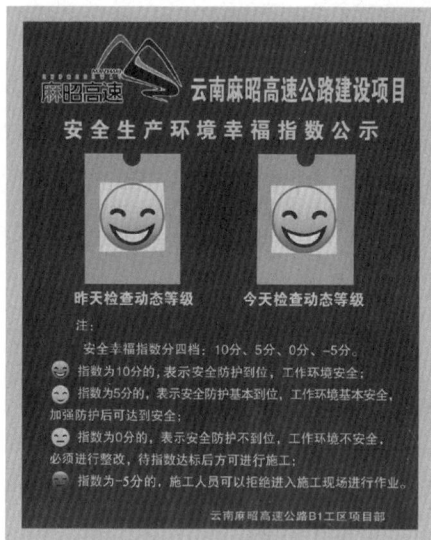

图7-4   安全生产环境幸福指数公示牌

4）双时风险法

（1）"双时风险预控"概念

对于一个工程建设项目，总是受到两个时间的控制，一是日历（自然）时间；二是施工时间，也就是工期。日历（自然）时间包含季节、气象

158

等环境因素的变化,施工时间主要包含工序和工艺的变化。将两个时间所包含的主要因素进行叠加,那么安全生产的风险程度一定会产生变化。从中寻找其安全风险的规律性,提出安全管理预控措施。

（2）主要步骤

绘制双期风险叠加图。

①双时风险预控图大体分为 3 部分:工期进度横道图、自然时间横坐标和风险等级。

②利用施工进度横道图作为风险叠加图上半部分。

③风险叠加图下半部分:将横轴自然时间分为 12 个月,与横道图横轴时间相对应。纵轴为风险等级,原则上根据危险程度、影响范围、可能造成的人员伤亡和财产损失,大体划分为 4 个风险等级,即一般、较重、严重、特别严重,相应的颜色为蓝色、黄色、橙色、红色。

④风险等级的标注。双时风险预控图如图 7-5 所示。

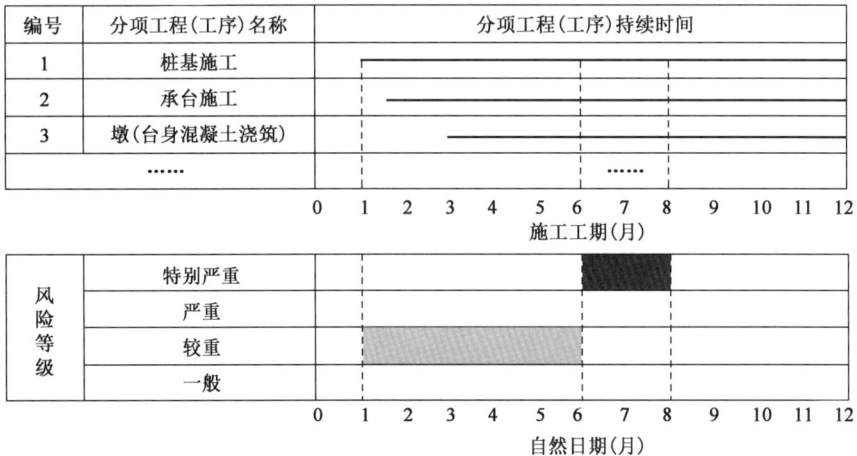

图 7-5　双时风险预控图

⑤说明。主要是对每个阶段可能出现的危险源以及预控措施提纲挈领地进行描述。

（3）适用条件

本方法属于定性分析,适用于独立标段,预控时限在 3 ~ 12 个月为宜,是提供给施工、监理、业主单位在极端天气条件下强化现场安全管理的一个预控方法。

(4)组织实施

①在施工组织设计编制完成后,充分利用并给出施工进度横道图。

②要了解掌握施工现场当地 15 天、30 天甚至更长时间的天气走势。

③若某分项工程(或施工工序)开工或完工时间发生变化,或天气变化的日期预报不准,则风险等级确认以及极端天气时间段就会发生改变,因此要注意实行动态预控和管理。

④根据某时间段的风险情况,列出主要风险源清单。据此,建设单位、监理单位、施工单位及时发出预警,并制订相应预案,实施预控对策。

【工作原理】 轨迹交叉理论。轨迹交叉理论的基本思想是:伤害事故是许多相互关联的事件及其顺序发展的结果。这些事件概括起来不外乎人、物和环境三大系列。当人的不安全行为、物的不安全状态以及环境的不利状况在各自发展过程中,在一定时间、空间发生了交叉,就易诱发安全事故。在工程施工过程中,人、物、环境等要素之间会相互影响,尤其环境要素容易造成人的不安全行为和物的不安全状态。由于工序和工艺的要求,工作环境、作业行为和自然气候条件等不利因素叠加,对施工安全就会存在显著影响。

案例 2 双时风险法应用

1)项目名称

安徽省北沿江高速巢湖至无为段路基××标。

2)标段工程建设概况

本标段全线为桥梁工程,长度 3.375km。其中裕溪河主桥采用 75m +130m +75m 预应力混凝土矮塔斜拉桥,其余引桥采用连续组合钢板梁结构。主要施工工序有栈桥及水上平台搭设、桩基施工、主墩承台钢管桩围堰施工、墩台身施工、塔柱施工、主桥挂篮悬浇、引桥钢板梁顶推施工、引桥桥面板安装、桥面附属工程施工,工期 30 个月;2015 年 1 月开工,2017

年 7 月完工。

裕溪河大桥桥位地处裕溪河中游河段,桥梁区域内多为农田、沟渠,地质情况复杂,多有溶洞。主要危险源有:淹溺、物体打击、机械伤害、触电、起重伤害、高处坠落、坍塌、其他伤害。

裕溪河大桥施工组织设计编制完成,按规定已审批。

3)天气走势

当地气象部门提供的 15 天的天气预报情况见表 7-5。

15 天天气预报情况　　　　表 7-5

日期	天气情况	风力	日期	天气情况	风力
2015 年 6 月 15 日	大雨	东风微风	2015 年 6 月 23 日	阴天	东风 3~4 级
2015 年 6 月 16 日	大雨	东风 3~4 级	2015 年 6 月 24 日	晴天	东风 3~4 级
2015 年 6 月 17 日	中雨	东风微风	2015 年 6 月 25 日	大雨	东风 4~5 级
2015 年 6 月 18 日	阴转小雨	东风微风	2015 年 6 月 26 日	大雨	东风微风
2015 年 6 月 19 日	阴天	东风微风	2015 年 6 月 27 日	大雨	东风 3~4 级
2015 年 6 月 20 日	晴天	东风微风	2015 年 6 月 28 日	大雨	东风 3~4 级
2015 年 6 月 21 日	阴转小雨	东风微风	2015 年 6 月 29 日	阴天	东风微风
2015 年 6 月 22 日	阴天	东风 3~4 级	2015 年 6 月 30 日	晴天	东风 3~4 级

4)绘制双时风险预控图

(1)根据裕溪河大桥施工组织设计中的施工进度横道图(图 7-6),绘制双时风险预控图(图 7-7),截取 2015 年全年部分。

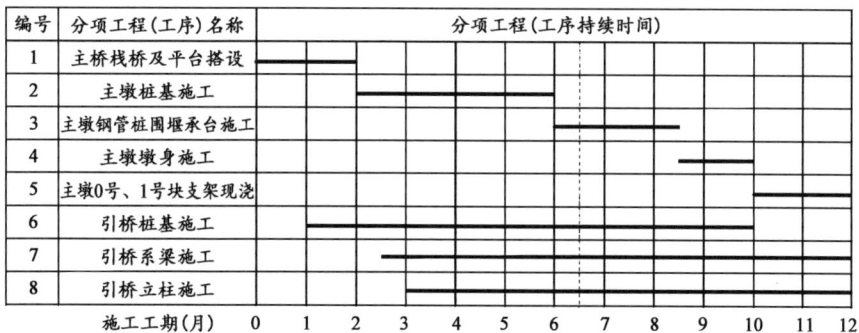

编号	分项工程(工序)名称	分项工程(工序持续时间)
1	主桥栈桥及平台搭设	
2	主墩桩基施工	
3	主墩钢管桩围堰承台施工	
4	主墩墩身施工	
5	主墩0号、1号块支架现浇	
6	引桥桩基施工	
7	引桥系梁施工	
8	引桥立柱施工	

施工工期(月)　0　1　2　3　4　5　6　7　8　9　10　11　12

图 7-6　施工进度横道图

161

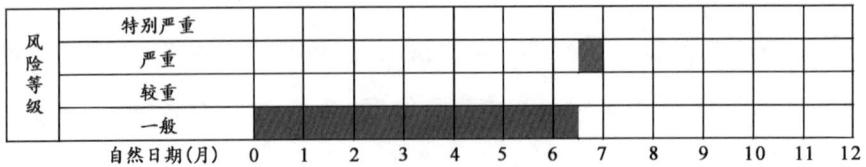

图 7-7　双时风险预控图

（2）根据预警等级分析绘制风险等级图。

5）预警等级分析

（1）从施工工艺方面分析，钢管桩围堰施工系水上作业，同时多台打桩、起吊机械设备及船只交叉作业。

（2）从施工气候方面分析，根据 6 月下旬天气预报，雨水天气较多。受汛期雨水天气影响，裕溪河水位上升。

（3）从施工环境方面分析，裕溪河属Ⅲ级航道。

项目安全评估小组开展安全风险评估：6 月 15 日-30 日雨水较多，且裕溪河水位较高，钢管桩围堰施工风险加大，主要危险源有淹溺、触电、高处坠落，引桥系梁基坑受雨水冲刷存在基坑坍塌等风险，综合考虑工序特点和天气情况，现场风险等级定为"严重"。

6）预控管理

（1）列出时段主要风险源清单，见表 7-6。

主要风险源清单表　　　　　　　　　　表 7-6

标段名称：北沿江高速巢湖至无为段路基××标　　　防控时段：2015 年 6 月 15 日-6 月 30 日

序号	危险致因	事故类型	防控措施
1	钢管桩围堰施工时，水上作业人员未正确佩戴安全防护用品或违章操作	高处坠落、淹溺	加强安全教育，提高员工高处作业安全意识；做好高处作业安全防护措施，施工人员穿戴好安全带、防护鞋、救生衣等安全防护用品
2	雨水天气进行焊接作业；非专业电工私自接线；线缆破损包扎不及时；漏电保护器失效；电焊机未接地	触电	加大现场管理，杜绝非电工人员私自接线；要求专业电工及时包扎破损电缆；电工应定期现场巡查，及时更换失效的漏电保护器；雨水天气禁止露天电焊作业

续上表

序号	危险致因	事故类型	防控措施
3	基坑顶部未设置截水沟;基坑内未设置集水坑;基坑内积水未及时抽出;基坑边坡坡度过陡;基坑边缘堆载过大	坍塌	雨水天气加大巡查力度;雨水较多时不得进行基坑开挖作业;基坑顶部设置截水沟防止雨水冲刷边坡;基坑底部设置集水坑,及时安排人员进行抽水;基坑开挖时根据地质情况合理放坡;基坑边缘不得有较大堆载
4	施工船舶撞击围堰;过往船舶闯入施工区撞击围堰	船舶撞击	与地方海事局联系,设置航标,指引船只正确通航;控制施工船舶停靠速度,设专人指挥;加强施工船舶舵手安全意识教育,严格遵守船舶安全操作规程;水上施工派专人执勤,发现闯入施工区的船只及时报告海事部门,夜间保持水上施工区域警示灯正常照明,围堰上设置警戒灯,夜间保证现出围堰的轮廓
5	在水上高空交叉作业时,工具、材料坠落;风力导致吊运的钢管桩或其他构件晃动,撞击人员、设备或工程构筑物	物体打击、机械伤害	加强施工人员的安全意识教育;高空作业所用的工具、材料严禁抛掷;风力超过6级时,严禁吊装作业;起吊物体时,设专职人员指挥,吊物下严禁站人

填写人:王××   审查人:李××   填表日期:2015年6月10日

(2)编制专项施工预案提出防控措施,做好防汛等安全应急物资的准备。同时向监理单位、项目业主报告。

(3)向有关施工班组发出安全预警,要求项目经理部负责人实行值班制度;施工安全员加大现场检查频率,必要时旁站。

(4)利用一线工人业余学校和班前会向现场工人传授安全防控方法;安全监理工程师重点巡查。

8. 预控管理工作机制

1)预控管理重点是建立双重预防机制

2016年10月国务院安委会办公室印发《关于实施遏制重特大事故工作指南构建双重预防机制的意见》(安委办〔2016〕11号);2016年12月中共中央、国务院印发《关于推进安全生产领域改革发展的意见》;2021年新修订的《中华人民共和国安全生产法》第四条明确要求:"生产经营单位必须遵守本法和其他有关安全生产的法律、法规"，"加强安全生产标准化、信息化建设，构建安全风险分级管控和隐患排查治理双重预防机制，健全风险防范化解机制"。

　　安全风险分级管控机制和隐患排查治理机制，简称双重预防机制。建立双重预防机制，是坚持安全第一、预防第一、综合治理方针的集中体现，是我们做好安全管理工作的经验总结，更是切实提高安全生产实效性的重要措施。落实双重预防机制，就是要紧紧抓住"风险""隐患"和"机制"安全管理链条上的三个关键点，通过风险分级管控、责任到人，紧盯事故隐患排查和治理，使风险预防和控制措施法治化、规范化、标准化、制度化、常态化。从根本上实现事故预控的主动性，提升本质安全水平，实现安全生产形势持续稳定向好。

　　建立双重预防机制是坚持关口前移，标本兼治、综合治理，把安全风险管控放在隐患前面，把隐患排查治理放在事故前面。简单地说，把风险管控好，不让风险管控措施出现隐患，这是第一重"预防"；对风险管控措施出现的隐患及时发现及时治理，预防事故的发生，这是第二重"预防"。可见，双重预防机制的实质就是预防和控制。加强过程管控，通过构建隐患排查治理体系和闭环管理制度，强化监管执法，及时发现和消除各类事故隐患，防患于未然。

2)双重预防机制主要内容

双重预防机制主要内容包含以下10个方面：

(1)建立执行全员安全生产责任制；

(2)建立执行风险分级管控制度；

(3)建立执行隐患排查治理制度；

(4)建立风险辨识管控清单；

(5)建立隐患排查治理台账；

(6)绘制风险分级四色(红橙黄蓝)分布平面图；

(7)绘制岗位作业风险比较四色(红橙黄蓝)柱状图；

(8)设置企业重大风险公告栏；

(9)制作岗位风险管控应知应会卡；

（10）制作岗位事故应急处置卡。

9. 预控工作需要注意的问题

1）要成立具有一定水平的风险评估组

（1）风险评估组组成原则

项目级风险评估组成员应包括区队相关管理人员、安检员、专业技术人员、班组长、工作经验丰富的各岗位员工。

（2）风险评估组成员应具备的条件

①具有相关专业知识或生产管理知识，熟悉与本单位生产运营相关的安全生产技术标准和法律法规；

②熟悉本单位或工作区域的各岗位工作活动、设备设施、工作环境情况；

③熟悉生产运营过程中存在的危险源及其失控所导致的后果，负责危险源管理的主要责任人、监管部门；

④熟悉作业规程、操作规程、安全技术措施等；

⑤工作认真负责，具有一定的风险预控管理知识。

2）要重视对风险评估知识的培训

风险评估小组确定后，应组织对小组成员进行培训，小组成员必须清楚风险评估的目的和如何运用；熟悉本企业风险评估标准要求；掌握应用风险分析技术和风险评价方法；清楚收集信息和评估信息的方法；有能力辨别工作场所有关人、机、环境、管理的风险；熟悉与本单位相关的事故类型。

在对较为复杂的风险源进行辨识和分析时，应当充分发挥专家和专业技术人员的集体作用，要组织进行集体会商，防止评估出现偏差。2008 年南方雪灾期间，气象部门虽然做出了较为准确的预报，多次发出监控信息，但对灾害性极端天气的持续性和强度估计不足，致使我国南方地区仍然遭受严重灾害，损失巨大。

3）要建立风险预控制度

风险预控不能"一阵风"，必须要有系统管理的思维和久久为功的韧劲。

一是要制订工作方案。明确"干什么""怎么干"，既要有预控的工作计划，也要有预控的检查计划。二是要编制风险清单、绘制风险地图。风险清单包括风险名称、位置、类别、等级等内容，建立重大安全风险的详细说明文件。三是要做好风险与责任的分级。通过对风险的排查、辨识与分析，要将风险或隐患进行分类分级，同时还要将管理的责任进行分级。上一级负责管控的风险，下一级必须同时负责管控，并逐级落实具体措施。四是风险源辨识与分析所使用的方法和程序等应有一个统一规范的基本准则，包括辨识与分析程序、辨识与分析方法、辨识与分析指标体系等方面的内容。在进行危险源辨识和分析时，必须从系统的角度出发，尽可能全面、充分地考虑各种风险的相关性、叠加性。施工现场是一个复杂的、变化的大系统，工艺种类多、人员素质参差不齐，并且相互之间关联性很强，经常会牵一发而动全身，引发系列的次生、衍生事件。

4）要注重对风险或隐患的研究分析

在进行风险隐患排查过程中，要坚持实事求是，采用科学的方法，不能出于部门利益的考虑而故意放大或缩小风险，降低了隐患整改的执行力。也不要盲从教条和权威，使得制订的整改措施难以落实。

在隐患的排查过程中，要注意对工作状态的观察与分析，一般将工作状态分为正常、异常和紧急三种状态，当状态正常时，可以继续正常运行和操作；当状态异常时，要采取停机、检修等措施；当状态紧急时，只要有事故或突发事故的可能性，就要果断作出停止作业的决定。

同时，由于可能诱发安全生产事故的风险隐患处于不断运动变化之中，所以危险源辨识与分析得出的结论具有时效性。一般情况下，按照三种时态进行分析和处理。即过去时——以往遗留的危险和有害因素，现在时——目前可能发生的危险和有害因素，将来时——生产活动中可能带来的危险和有害因素。因此，必须持续地进行监测，动态性地进行危险源辨识和分析，不断发现新的风险，及时采取应对措施。

5）要加强对预控措施的落实与检查

由于预控的对象不同、方法不同，因此风险源预控的对策也不一样。但是一旦确定了风险源,关键就要加强对预控措施的落实和检查。

(1)规定时限,定期对预控对象进行风险排查,一般情况下宜采用月报表的形式,对检查情况进行分类汇总。

(2)制订整改措施,特别是重大隐患要编写隐患治理方案。治理方案应包括治理的目标和任务;采取的方法和措施;经费和物资的落实;负责治理的机构和人员;治理的时限和要求;安全措施和应急预案。

(3)确定专人落实。无论是一般隐患还是重大隐患,在查明隐患源后都要确定责任人负责隐患的整改措施落实。

(4)施工单位在隐患治理过程中,要采取相应的安全防范措施,防止事故发生。隐患排除前或者排除过程中无法保证安全的,应当从危险区域内撤出作业人员,并疏散可能危及的其他人员,设置警戒标志,暂时停产或者停止使用。

(5)对当时不能立即排除的隐患要采取有效的防范措施加以控制,并限期解决。对隐患无防范措施的施工单位,项目业主和监理单位要坚决予以停工整改。

未雨绸缪是预防和控制风险最廉价、最有效的方式。预控就是根据对工程项目监测、检测和借鉴等评估情况,在风险辨识、风险分析、风险估测和风险控制等不同阶段,采用不同的措施对可能发生的安全事故进行预先的控制和防范,尽量抑制风险或将风险消灭在萌芽状态,以防止事故发生,或者减轻事故发生后的危害后果。预控的风险信息要准确,风险预控的策略主要有排除、转移、缓解和控制等方法。风险预控的措施既要可操作,也要注意经济合理。

八、谈预警

"预警"一词最早源于军事,后来人们把这个词逐步应用到政治、经济、社会、自然等多个领域。在应急管理中,预警是指国家通过各种突发事件信息系统,在发现突发事件即将发生,或发生的可能性增大,或已经发生但可能升级扩大时,向社会发布警报信息的行为。反应迅速、调控灵活的预警机制一旦建立起来,就可以遇变不惊,处之泰然。

这里我们来介绍预警方面的两个正反典型案例。

案例1 马鞍山长江大桥施工中的成功预警

2010 年 5 月 21 日上午,安徽芜湖××造船公司,一艘 3 万吨级货船在长江马鞍山段试航,11:50:40 途经马鞍山长江大桥施工区域时驾驶失控发生险情。

当时码头共停泊 13 艘船只,负责警戒的是中塔施工单位交通船。11:45 安全管理人员通过视频监控发现上游 1000m 处有艘货船朝着施工临时码头冲去,按照应急预案规定程序,迅速发出警告信号,疏散施工船舶和码头的作业人员。11:51:14 货船撞上大桥施工临时码头。由于货船的猛烈撞击,致使停泊在临时码头的多艘施工船相互碰撞、下沉,其中有 6 名船员落水。11:51:53"大桥先锋一号"交通艇接到报警,快速反应,启动救人程序,成功救起沉没船只上6名落水人员,避免了一起安全伤亡事故。11:54项目办、总监办接到报告后,立即组织汽渡,于12:55赶到现场指导救援,预防次生灾害发生。这起货船撞击临时码头事故,造成船舶损毁、码头破坏、工程停工等损失约900万元。

现场视频监控自动保存了整个事故视频,为后期的调查取证提供了宝贵资料。由于马鞍山长江大桥建设项目每年每个标段会开展不少于两次有针对性的应急预案演练,每月开展的一线工人业余学校培训,特别是每天每班前的班前会,提高了全员安全意识和应急技能。

从这个案例的时间表可以看到,在马鞍山长江大桥建设中,项目管理单位建立的安全管理制度,加强了安全管理的预案和预警管理,使得现场人员能够及时发出预警信息,临危不乱,迅速采取应对和自救措施,避免了众多的人员伤亡。

案例2 湖南省凤凰县堤溪沱江大桥坍塌事故

2007年8月13日,湖南省凤凰县堤溪沱江大桥在施工过程中发生坍塌事故,造成64人死亡、4人重伤、18人轻伤,直接经济损失3974.7万元。这是一起重特大安全生产责任事故,根据事故调查和责任认定,对有关责任方作出以下处理:建设单位工程部部长、施工单位项目经理、标段承包人等24名责任人移交司法机关依法追究刑事责任;施工单位董事长、建设单位负责人、监理单位总工程师等33名责任人受到相应的党纪、政纪处分;建设、施工、监理等单位分别受到罚款、吊销安全生产许可证、暂扣工程监理证书等行政处罚;责成湖南省人民政府向国务院作出深刻检查。

堤溪沱江大桥全长328.45m,桥面宽13m,桥墩高33m,设3%纵坡,桥型为4孔65m跨径等截面悬链线空腹式无铰拱桥,且为连拱石桥。

2007年8月13日,堤溪沱江大桥施工现场7支施工队、152名施工人员进行1~3号孔主拱圈支架拆除和桥面砌石、填平等作业。在施工过程中,随着拱上荷载的不断增加,1号孔拱圈受力较大的多个断面逐渐接近和达到极限强度,出现开裂、掉渣,接着掉下石块。最先达到完全破坏状态的0号桥台侧2号腹拱下方的主拱断面裂缝不断张大下沉,下沉量最大的断面右侧拱段(1号墩侧)带着2号横墙向0号台侧倾倒,通过2号腹拱挤压1号腹拱,因1号腹拱是三铰拱,承受挤压能力最低而迅速破坏下塌。受连拱效应影响,整个大桥迅速向0号台方向坍塌,坍塌过程持续了大约30s。

从这起事故演变的过程可以看到,随着拱上荷载的不断增加,拱圈的多个断面出现开裂、掉渣,接着掉下石块。这一过程是需要一段时间的,这说明事故的发生尽管是在瞬间,但是危险源的汇聚和叠合酿成事故还是需要一个过程或者是有先兆的。如果在施工过程中有专人负责监控、发出预警,施工人员迅速撤离或停止施工,这场灾害是可以减轻甚至避免的。

以上两个实例是广义上的预警,但是它给予我们在安全生产管理上很多启示,一是预警的重要性和及时性,二是预警的时机、方法和手段决定着预警的效果。

安全管理预警时机的选择很重要。预警早了,时间间隔长、环境因素变化大,预警的针对性将会减弱。预警迟了,作业人员反应时间不足,难以达到减少损失的目的,预警效果不好。从目前生产力水平、一线作业人员素质来看,安全生产管理的"预警"最佳时机是班前、最佳范围是班组,即一线人员到达岗位后,没有正式开始工作前进行预警。在这个时候预警,一是工作环境、工作内容基本是定数,二是工作时间不是太长、危险因素不多,便于作业人员防范。

正是由于预警的时机选择是班前、范围是班组,那么预警的重点和内容就应该是侧重于工点危险源的监测、作业人员的行为规范问题。

1. 预警的目标与任务

(1)目标:通过对生产活动和安全管理进行监测和评估,警示和告知生产过程中可能发生的突发事件、注意事项以及应急对策,以此减少安全生产事故带来的损失。

(2)任务:通过对当前作业工序和工艺安全生产的评估,采用恰当的方式或方法,及时警示和告知作业人员在将要开展的工作中可能发生的事故,在心理上进行预防并规范自己的操作行为,对可能发生的事故进行预防和控制。

2. 预警分级与发布

突发事件的预警需要进行分级,一般按照事故的严重性和紧急程度,颜色依次为蓝色、黄色、橙色、红色,分别代表一般、较重、严重和特别严重4种级别(Ⅳ、Ⅲ、Ⅱ、Ⅰ级):

Ⅰ级预警,表示安全状况特别严重,用红色表示;

Ⅱ级预警,表示受到事故的严重威胁,用橙色表示;

Ⅲ级预警,表示处于事故的上升阶段,用黄色表示;

Ⅳ级预警,表示生产活动处于可控状态,用蓝色表示。

3. 预警的方法与形式

预警的方法多种多样,根据工程建设的规模、工艺的复杂程度,一般分为仪器监测法和目测评估法两类。

仪器监测法就是使用各种量测仪表和工具,对工程建设中监测对象(隧道施工、支架、模板等)的工作状态进行量测,及时提供监测对象可靠性的安全信息,预见事故和险情,以达到安全施工的目的。这类监测预警需要制订专项方案和量测计划,并由工程技术人员组织实施。常用于隧道、大型支架和模板、深水围堰、水下沉箱等规模较大、技术复杂的工程。

目测评估法与仪器监测法相比较,操作起来就简单多了,就是安全管理人员或班组长针对开展的工序,根据有关技术规程和规定,结合工艺情况、环境情况和气候情况进行的大体危险性分析。

不同的预警方法,预警的发布形式也不一样。

1)仪器监测法

仪器监测法需要注意4个方面:

(1)对生产中的薄弱环节和重要环节进行全方位、全过程监测;同时收集各种事故征兆,并建立相应数据库。

(2)对大量的监测信息进行处理(整理、分类、存储、传输),建立信息档案,进行历史的和技术的比较,形成某种状态的特征指标和安全阈值。

(3)通过现场监测获得有关数据(信息),再通过对这些数据(信息)的统计和分析,从而判断监测对象的工作状态,以科学指导施工组织。

(4)为了突出重点、提高监测效率,在使用仪器监测法中,要制订明确的监测工作计划,明确监测重点部位、监测方法和预警控制指标。

简而言之,量测是监控的手段,监控是量测的目的。监控过程可分为现场量测—数据处理—信息反馈。

案例3 隧道施工现场监控量测

我国公路隧道的设计和施工越来越多地采用了新奥法设计,复合式衬砌。为了掌握施工中围岩稳定程度和支护结构受力、变形的力学形态和信息,以判断设计、施工的安全性和经济性,以及确定施工工序,保证施工安全,必须将现场监控量测项目列入设计文件和施工组织计划,并在施工中认真实施。

在隧道施工阶段,现场监控量测解决的问题是:使用各种量测仪表和工具,对围岩变化情况及支护结构的工作状态进行量测,及时提供围岩稳定程度和支护结构可靠性的安全信息,预见事故和险情,作为调整和修改支护设计的依据,并在复合式衬砌中,依据测量结果确定二次衬砌施作的时间,以达到监控隧道围岩和支护结构的变位与应力不超过设计标准的目的。

1) 隧道现场量测计划制订

(1) 量测目的

①提供监控设计的依据和信息：

a. 掌握围岩力学形态的变化和规律；

b. 掌握支护的工作状态信息并及时反馈,指导施工作业。

②预报及监视险情：

a. 做出工程预报,确定施工对策和措施；

b. 监视险情,以确保安全施工。

(2) 隧道监控、量测计划

隧道现场监控量测计划,即测试方案和实施计划,应根据隧道的工程地质、水文地质、地形条件、支护类型和参数、施工方法及其他有关条件进行制订。

(3) 隧道现场量测计划的主要内容

①现场量测的主要手段、量测仪表和工具及其选用、量测项目及方法的确定；

②施测部位和测点布置及测量人员组织；

③测试方案和实施计划的确定；

④量测数据处理与应用、量测管理等。

2) 隧道现场监控量测项目选择

现场监控量测应根据围岩条件、隧道工程规模、支护类型和施工方法等来选择测试项目。现场监控量测项目分为必测项目(A类量测)和选测项目(B类量测)两大类。

各类围岩量测项目见表8-1。隧道现场监控量测项目和量测方法见表8-2。

(1) 必测项目

表8-2中的1~4项为必测项目,用以判断围岩的变化情况,测定支护结构工作状态,经常进行的量测项目,也是为设计、施工中确保围岩稳定,并通过判断

围岩的稳定性来指导设计、施工的经常性量测项目。这类量测方法较简单，费用较少，可靠性较高，对监视围岩稳定性、指导设计和施工有直接意义。

各类围岩量测项目 表8-1

围岩条件	A 类量测项目			B 类量测项目						
	洞内观察	净空变位	拱顶下沉	地表下沉	围岩位移	锚杆轴力	衬砌应力	锚杆拉拔试验	围岩条件	洞内弹性波
围岩（Ⅰ～Ⅱ）	☆	☆	☆	×	×	×	×	×	×	×
围岩（Ⅲ～Ⅳ）	☆	☆	☆	×	×	×	×	×	×	×
围岩（Ⅴ～Ⅵ）	☆	☆	☆	×	×	×	☆	△	×	△
土砂	☆	☆	☆	☆	△	×	×	△	☆	×

注：☆——必须进行的项目；△——应进行的项目；×——必要时进行的项目。

隧道现场监控量测项目及量测方法 表8-2

序号	项目名称	方法及工具	布置	量测间隔时间			
				1～15 天	15 天～1个月	1～3个月	大于3个月
1	地质和支护状况观察	岩性、结构面产状及支护裂缝观察或描述，地质罗盘等	开挖后及初期支护后进行	每次爆破后进行			
2	周边位移	各种类型收敛计	每10～50m一个断面，每个断面2～3对测点	1～2次/天	1次/2天	1～2次/周	1～3次/月
3	拱顶下沉	水平仪、水准尺、钢尺或测杆	每10～50m一个断面	1～2次/天	1次/天	1～2次/周	1～3次/月
4	锚杆或锚索内力及抗拔力	各类电测锚杆、锚杆测力计及拉拔器	每10m一个断面，每个断面至少做3根锚杆	—	—	—	—
5	地表下沉	水平仪、水准尺	每5～50m一个断面，每个断面至少7个测点，每座隧道至少2个断面。中线每5～20m一个测点	开挖面距量测断面前后小于28m时，1～2次/天；开挖面距量测断面前后小于58m时，1次/2天；开挖面距量测断面前后大于58m时，1次/周			

续上表

序号	项目名称	方法及工具	布置	量测间隔时间			
				1～15天	15天～1个月	1～3个月	大于3个月
6	围岩体内位移（洞内设点）	洞内钻孔中安设单点、多点杆式或钢丝式位移计	每5～100m一个断面，每个断面2～11个测点	1～2次/天	1次/2天	1～2次/周	1～3次/月
7	围岩体内位移（地表设点）	地面钻孔中安设各类位移计	每个代表性地段一个断面，每个断面3～5个钻孔	同"地表下沉"要求			
8	围岩压力及两层支护间压力	各种类型压力盒	每个代表性地段一个断面，每个断面宜为15～20个测点	1～2次/天	1次/2天	1～2次/周	1～3次/月
9	钢支撑内力及外力	支柱压力计或测力计	每10榀钢拱支撑一对测力计	12次/天	1次/2天	1～2次/周	1～3次/月
10	支护、衬砌内应力、表面应力及裂缝量测	各类混凝土等应变计、应力计、测缝计及表面应力解除法	每个代表性地段一个断面，每个断面宜为11个测点	1～2次/天	1次/2天	1～2次/周	1-3次/月
11	围岩弹性波测试	各种声波仪及配套探头	在有代表性地段设置	—	—	—	—

（2）选测项目

表8-2中的5～11项为选测项目,用以判断隧道围岩稳定状态、喷锚支护效果和积累技术资料为目的的量测项目。选测项目是对一些有特殊意义和具有代表性的区段进行补充测试,以求更深入地掌握围岩的稳定

状态和锚喷支护的效果,对未开挖区的设计和施工具有指导意义。这类量测项目测试较为麻烦,量测项目较多,费用较大,一般只根据需要选择其中的部分项目进行测试。

总而言之,必测项目是指在一般情况下均应量测的项目;选测项目是指在必要时可选测的项目。换言之,应根据围岩情况、隧道宽度和覆盖层厚度等条件确定必测或选测项目。

需要注意的是,隧道开挖工作面的工程地质与水文地质观察和描述,对于判断围岩稳定性和预测开挖面前方的地质条件是十分重要的;开挖工作面(又称掌子面)附近初期支护状况的观察和裂缝描述,对于直接判断围岩的稳定性和支护参数的检验也是不可缺少的。因此,对工程地质和支护状况的观察,各类围岩都应规定为第一项必测项目。

2) 目测评估法

人类大脑接受来自视觉方面的信息高达80%。因此,用视觉来沟通和指挥的方法更为直截了当。利用形象直观、色彩适宜的各种视觉感知信息来组织现场生产,以图表、图画、照片、文字注解、标志及符号等作为目视评估法的工具,可以轻而易举地实现解释、认知、警告、判断和行动等功能。在目测评估管理中,颜色的使用是最常见的,不同的色彩会使人产生不同的分量感、空间感、冷暖感、软硬感、清洁感以及时间感等情感效应。

4. 单元预警法

单元预警法就是将在建工程根据作业内容、作业地点的不同,将管理对象划分为若干单元。通过对单元范围内的施工工序、施工环境、施工气候等安全隐患源的排查分析,给作业人员提出相应的安全风险超前警示。应用单元预警法进行安全生产管理的前提是安全生产责任体系健全、管理制度完善、机具设备基本完好、一线管理和施工人员达到应有的基本素质。

应用单元预警法的主要步骤(图 8-1)包括:①确定管理对象和范围,划分单元;②检查应用单元预警法进行安全生产管理的前提条件是否符合;③熟悉单元范围内工作目标和计划、施工工艺和工序、机具设备运转状态以及其他技术要求;④了解下一个工作日的工作内容、天气状况,确定安全风险预警等级,并以一定形式传达给现场作业人员;⑤检查当日的安全生产情况,并做好记录和分析。

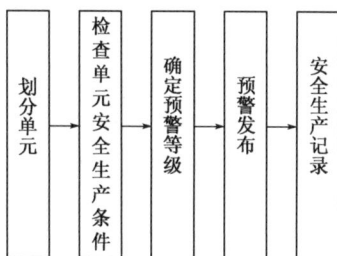

图 8-1 单元预警法流程

1)划分单元

划分单元的目的是更好地进行危险有害因素分析。划分单元的方法很多,如按生产工艺相对空间位置划分、按生产工艺功能划分、按危险因素类别划分、按作业场所划分、按工种划分和按作业性质划分等。无论采用什么样的划分方法,都应坚持生产过程相对独立、空间上相对独立、工作范围相对固定和具有明显界限的原则,既不能过大,也不能过小。

2)检查单元安全生产条件

①单元界面是否清晰;②作业人员是否进行过安全教育和培训;③现场能否正常作业;④现场有无必要的安全生产保证措施。

3)确定预警等级

了解建设工程的特点,大致上可以从以下 5 个途径展开:①工程目标;②工程主要内容;③工程实施的主要工序和时间;④工程实施中的主要危险;⑤工程所处的环境(包括地形、气候)。

根据危险程度、影响范围、可能造成的人员伤亡和财产损失,大体上划分为"一般""较重""严重""特别严重"4个等级。相应的预警颜色为蓝、黄、橙、红。

(1)确定预警等级应考虑的因素

①根据施工工艺:

a.超过2m高空(开挖深度)的高处作业;

b.多台机械设备同时作业;

c.爆破作业;

d.大型支架、模板、门架的安装和拆除;

e.起吊、打桩、钻井、搅拌、摊铺等机械作业;

f.水上、潜水等作业;

g.梁板现场浇筑和架设。

②根据施工环境:

a.易燃、易爆物品;

b.临时用电;

c.边通车边施工;

d.粉尘、噪声、通风不良等。

③根据施工气候:

a.雨天、雾天、大风和夜晚等;

b.高温、严寒。

(2)预警等级的含义

①"一般"(蓝色)。在上述考虑因素的三个方面中,一个单元内有一项发生。如:某高速公路路面摊铺现场天气良好、施工环境达标,但由于有摊铺机、压路机和运料车等多台机械设备同时作业,因此该单元预警可以定为具有"一般"的危险性。

②"较重"(黄色)。在上述考虑因素的三个方面中,一个单元内有两

项同时发生,可以定为具有"较重"的危险性。如:在石方爆破区、施工车辆来往作业点,单元预警可定为"较重"的危险性。

③"严重"(橙色)、"特别严重"(红色)。在上述考虑因素的三个方面中,一个单元内有三项(含三项)以上同时存在,可以定为具有"严重"的或"特别严重"的危险性。

单元预警工作管理措施见表8-3。

预警管理措施 表8-3

预警等级	预警颜色	现场监控管理要求
一般	蓝色	由现场兼职安全员旁站,其他部门和人员巡视
较重	黄色	由现场兼职安全员旁站,其他部门和人员巡视,专职安全员重点巡视
严重	橙色	由现场专职安全员、现场兼职安全员旁站,其他部门和人员巡视,安全监理工程师重点巡视
特别严重	红色	要停止施工,如确需施工的,必须由安全监理工程师、现场专(兼)职安全员旁站,项目业主和监理单位分管安全的负责人、施工单位项目经理、总工程师重点巡视

项目业主定期对安全员工作情况进行检查,按"好""一般""差"对安全员预警工作进行评价,若三分之一以上表现为预警不及时、危险源辨识和防控措施不准确时,则单元预警效果评价为"差"。对于预警工作"差"的标段,必须调整安全员,进行停工整顿。

4)预警发布

预警发布形式主要有班前会口头告知和单元预警牌信息发布。通常是在作业人员上班入口处设置预警牌。施工班组每天以班前会等形式,将当日危险源及其防范措施向一线作业人员交底和告知。

5)安全生产检查记录

安全员检查当日的安全生产情况,并做好记录和分析。安全监理工程师每天检查预警单元的预警信息发布是否及时准确,防控措施是否落实到位。

案例4 单元预警法应用

1）项目名称：芜湖长江公路二桥主桥××标

标段建设概况：芜湖长江公路二桥跨江主桥设计为双塔分离式钢箱梁斜拉桥，跨径布置为100m＋308m＋806m＋308m＋100m，全长1622m。

2）索塔

本标段Z3号墩为北主塔墩。索塔采用独柱形，包括上塔柱（包含上、中塔柱连接段）、中塔柱（包含中、下塔柱连接段）、下塔柱、塔座和下横梁，采用C50混凝土。索塔总高262.48m（含塔座），其中上塔柱高108m，中塔柱高112.94m，下塔柱高38.54m；索塔底部截面尺寸为18.50m×15m，顶部尺寸为8m×8m。

3）划分单元

将Z3号主墩索塔施工作为单元，其工作范围相对固定，周边具有明显的施工界限，施工空间上也相对独立。

4）安全生产管理条件

（1）Z3号主墩索塔编制了专项施工方案，制定了作业规程，明确了安全生产责任。

（2）塔柱施工现场作业人员80人，均进行了安全教育培训。

（3）现场安全防护设施设置齐全，工人可正常作业。

（4）根据塔柱施工工程特点，配备2名专职安全员；特种作业人员：起重驾驶员4人，起重指挥4人，升降机驾驶员2人，电焊工8人，电工2人；索塔主要设备配置1台动臂塔式起重机、最大起重量50t，1台TC6015A塔式起重机、最大起重量为10t；另外，布置了2台SC200型双笼施工升降机，均已检验合格，机械性能和状况良好。

5）熟悉单元情况

（1）工程目标：Z3号主墩索塔施工期间实现安全隐患"零容忍"，事故死亡率0，事故重伤率0，杜绝较大及以上安全生产事故。

（2）工程主要内容：劲性骨架安装、钢筋安装、模板安装、液压爬模施工、混凝土施工。

（3）实施的主要工序时间:Z3 号主墩索塔计划于 2015 年 2 月 23 日开始施工,于 2016 年 10 月 31 日完成索塔施工。

（4）工程施工主要危险:坍塌、高处坠落、起重伤害、物体打击、触电。

（5）工程所处环境:

①气候方面:桥位处于北亚热带湿润性季风气候,年平均气温 16℃,桥区主导风向为东北方向,冬季风速较大,最大风速 26.4m/s。

②水文方面:桥位水道水深情况良好,桥区内长江呈西南—东北流向。据水文站水位观测资料,平均水位为 5.12m,最低水位为 0.41m,最高水位为 11.64m,深泓区最大水深约为 40m,桥轴线处水流表面流速为 0.73 ~ 2.17m/s。

6）确定预警等级

（1）2015 年 8 月 6 日,在 Z3 号主墩索塔施工单元内同时进行两项交叉作业,即塔柱爬模爬升作业和起重吊装作业。从施工工艺来看,有超过 2m 的高空和水上作业,爬模爬升和起重吊装同时交叉作业;从施工环境来看,施工作业面狭窄,通视不良;从施工气候来看,为高温作业。因此,8 月 6 日单元预警等级确定为"较重",预警颜色为"黄色"。

（2）确定作业危险因素,明确重点防范措施(表8-4)。

作业危险因素及对应重点防范措施　　　　　　表 8-4

作业危险因素	重点防范措施
坍塌	爬模系统及大临结构必须严格按照施工方案组织实施,经检查验收合格后方可投入使用,并定期进行结构安全检查,发现隐患要立即落实整改
高处坠落	2m 及以上高空作业必须系挂安全带、穿防滑鞋,着装要轻便,水上作业还必须穿救生衣;身体感觉不适时不得从事高空作业
起重伤害	起重指挥作业人员持证上岗;作业前检查吊索具、卡环、钢丝绳,严格遵守起重作业"十不吊"原则

续上表

作业危险因素	重点防范措施
物体打击	高处零星物件必须集中存放在工具箱内,防止掉落伤人;严禁向上、向下抛掷工具;进入施工现场必须佩戴好安全帽
触电	安排专业电工值班,作业前仔细检查用电线路及设备,对绝缘层破损电缆及时处理或更换;检查保护接地、漏电保护装置是否完好

7）预警发布

（1）在 Z3 号主墩索塔施工平台作业人员上班入口处设置安全生产单元预警牌（单元预警牌内容与格式见图8-2）。

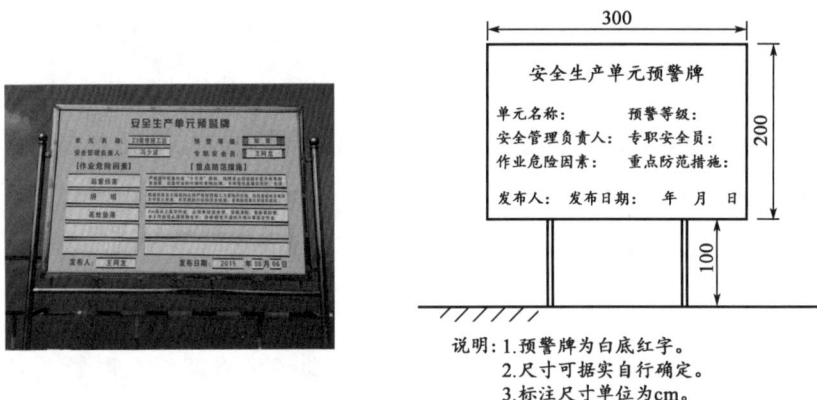

图8-2　单元预警牌样式

（2）专职安全员负责每天更新、发布施工单元内危险因素和重点防范措施信息。班组长每班上班前,在单元预警牌边用 3～5min 召开班前会,强调预警内容。

5.标志标识预警法

标志标识是国家通用的信息,特别是安全生产标志标牌中的颜色、几何图案和形象图形等符号,传递着特定的信息。安全生产的标志标识通常分为禁止标志、警告标志、指令标志和提示标志。

为了使人们能够迅速地发现和分辨安全标志,提醒人们注意安全,以防事故发生。在不同信息的标牌上用不同的颜色标注,是警示生产者防止事故发生的既明显又简单的预警。

安全颜色通常是指红、黄、蓝、绿 4 种颜色。它们的含义分别如下。

红色:表示禁止、停止、危险。机器设备上的紧急停止手柄、按钮及禁止触动的部位通常都用红色表示。

黄色:表示警示且必须遵守的指令。

蓝色:表示指令、遵循。常用于指示标志。

绿色:表示状态安全,可以通行。车间的安全通道、人和车辆的通行标志等常用绿色表示。

将安全颜色与预警内容有机结合,就形成了完整的安全警示标志。

(1)禁止标志的含义是禁止人们进行不安全的行为,其基本形式是带斜杠的图形。圆环和斜杠是红色,衬底为白色。

(2)警告标志的含义是提醒人们注意周围的环境,以避免可能发生的危险。其基本形式是正三角形边框。图形符号为黑色,衬底为黄色。

(3)指令标志的含义是强制人们必须做出某种动作或采取防范措施,其基本形式是圆形边框。图形符号为白色,衬底色为蓝色。

(4)提示标志的含义是向人们提供某种信息,其基本形状是正方形边框。图形符号为白色,衬底为绿色。

在施工现场,要结合作业条件、施工环境等因素设置表示禁止、警告、指令和提示等信息的安全标志。

在施工现场出入口处,应根据需要设置"施工重地、闲人免进、当心落物、当心吊物、当心扎脚、注意安全、必须戴安全帽"等标志;结合标准化工地和平安工地要求,在主出入口处设置安全生产"三牌一图",即工程概况公示牌、文明施工告示牌、安全与保卫告示牌和施工现场总平面图示牌。

在施工机具旁应设置"作业范围内禁止站人、当心触电、当心伤手、当心机械伤人"等标志和相应的安全操作规程告示牌；机械、电气设备维修时，在相应的机械、电气开关处要设置"禁止启动、禁止合闸"等标志；在龙门架、脚手架等处的醒目位置应设置"禁止攀登、禁止停留、当心落物"等标志；在配电房、电气设备开关处、发电机、变压器等附近应设置"禁止烟火、禁放易燃物、当心触电、注意锁门"等标志。

在出入通道口应设置"安全通道"和"禁止停留、注意安全、当心落物、必须戴安全帽、仅供人通行"等标志，在车行通道口还应设置"限速、限宽、限高"等标志；在梯道口应设置"注意安全、必须戴安全帽、仅限人攀登"等标志。

在沿线交叉口处应设置"非工作人员禁止入内、注意安全、当心行人车辆、前方施工注意安全"等标志，在交叉施工、边通行边施工路段等作业区两端还应设置交通路标，交通警告、警示、诱导标志等临时性道路交通标志。必要时，在施工作业区两端应当配备必要的交通指挥人员或设置交通信号灯。

在孔洞口应设置"禁止入内、注意安全、当心坑洞"等标志；在桥梁隧道口应设置"非工作人员禁止入内、注意安全、必须戴安全帽"等标志。

在基坑边沿应设置"非工作人员禁止入内、当心坑洞、当心坍塌、当心坠落"等标志；在临空临边处应设置"禁止靠边、禁止抛物、注意安全、当心坠落、必须戴安全帽、必须系安全带"等标志，相应地面周边区域内应设置"注意安全、当心落物"等标志；在基坑边沿及临空临边处，必要时夜间要设置照明灯或示警灯。

在作业场站，结合实际应设置"非工作人员禁止入内、禁止烟火、注意安全、当心坑洞、当心触电、当心伤手、当心扎脚、必须戴安全帽、必须穿救生衣"等标志；在振捣混凝土场所应设置"必须戴防护手套、必须穿防护鞋"等标志；雨天路滑处应设置"当心滑跌"标志。

在爆破物及有害危险气体和液体存放处,应设置"非工作人员禁止入内、禁止烟火、禁止带火种、禁止易燃物、当心爆炸、安全通道"等标志。

注意:

(1)安全标志牌应当完整清晰,材质质地坚固耐久,设置在醒目的地方,人们看到后有足够的时间来注意它所表示的内容。

(2)安全标志不能设在门、窗、架子等可移动的物体上,因为一旦这些物体移动后安全标志就不起作用了。

(3)安全标志设置高度应当与视线尽量一致,基础稳定牢固,多个安全标志同时设置时要求排序合理、排放整齐。

(4)有触电危险的作业场所应使用绝缘材料。

6. 班前预警法

1)班前会预警

班组是安全生产的第一线,班组平安,则工程平安。因此加强班组的安全管理,对于保证施工生产秩序,提高安全生产水平具有重要意义。班组人员的培训是平安班组的第一步,在实际生产作业中,班组人员需要实用的安全生产知识、具体的安全生产方法和经验,需要预防事故的具体措施。

班前会是班前预警的主要形式,也是建设平安班组的有效抓手,开好班前会能够在现场预警中起到很重要的作用。班前会就是班组长每天上班前在施工现场开展安全交底。根据工人工作的环境和施工工艺,着重向班组人员介绍当班施工中的安全注意事项,利用班前会让所有作业员工都知道当天的风险源和防范措施。同时也对安全防护措施现场落实工作严格检查。

班前会的形式和内容要注意灵活多样、注重实效。一是要每天每班前,班组长负责召集当班全体人员开会。二是会议内容以本班组当前工点的危险源为主,使班组全员了解安全生产注意事项。三是班前会时间以 5 ~ 10min 为宜,会议地点在单元预警牌前为宜。四是会议形式可以是班组长讲大家听,也可以是班组中每人每班轮流讲,必要时上级管理人员到班组参加班前会,了解班组的安全管理情况。五是班前会后,班组成员到达岗位,对工作条件进行简短自查,自查确认安全后开工。六是每班下班前,班组长检查工点状况,并做好安全生产状态记录。七是安全员负责收集、分析班组安全记录。对一些具有重大危险性工点还需现场检查核对。班组预警管理流程如图 8-3 所示。

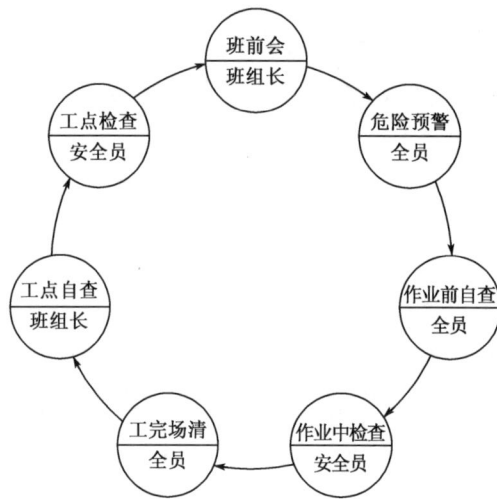

图 8-3　班组预警管理流程

2)一线工人业余学校预警

一线工人业余学校是现场对生产者培训的阵地,一线工人通过学习培训,为做好安全生产预警打下了一个良好的基础。

(1)一线工人业余学校开办条件

①硬件环境:教室面积应不小于 $40m^2$,可与工地会议室合并,配备投影仪、黑板、桌椅等必要的教学设备。教室门边悬挂"××项目××合同段一线工人业余学校"校牌。

②实行"一长三员"制。项目经理任校长,项目部总工、专职安全员和监理安全工程师任教员,必要时可外聘专家授课。

③教室内悬挂学校组织机构框图、课堂管理制度等;同时做好教学档案工作,包括教学计划、课程表、授课记录、授课教案、学员签到簿等。

(2)开课频次

①每名工人一般每月接受培训1~2次。

②遇到特殊工序、特殊气候(主要是指夏季、冬季)、特殊环境(主要是指交叉作业、高处作业)以及采用新技术、新工艺、新设备、新材料时,必须对作业人员开班培训。

③新工人上岗前必须开班培训。

(3)教学管理与督促检查

①所有在建公路水运重点工程项目的每个标段都必须建立一线工人业余学校,加强对一线工人,特别是农民工安全意识和生产技能的培训。

②项目经理要对学校的开课次数和上课内容负总责。项目部要结合工程进展情况制订培训计划,培训计划要作为施工单位分部或分项工程开工报告的附件报监理单位审批。

③教学内容和形式要灵活多样,要注意培训对象的基本水平,坚持安全生产与教育培训相结合、以会代训与案例教学相结合、文字教学与音像播放相结合。每次上课时间宜为50min左右。

④项目办、总监办要加强一线工人业余学校开班情况的督促检查,每两个月分别抽查一次,规范教学行为,提高教学效果,全面提升项目安全生产管理水平。

案例5　×××长江公路大桥 MQ-01 合同段中铁大桥局开展"一校"活动

"一校",即一线工人业余学校。通常学校与项目部会议室(或图书室)合并。

学校设备:课桌椅50套,计算机及投影设备1套,电视及视频播放设备1套,白板及书写设备一套(图8-4)。

图8-4　业余学校布置

学校授课人员组成:项目经理担任校长,总工、安全部部长、安全监理工程师和专职安全管理人员等9人担任教员。

学校授课形式:学校培训以每月为一轮,每个工人平均每个月不少于2学时,每课时一般是40min,教学形式有集中面授、现场指导和班组讨论等,形式灵活多样。

学校授课内容:第一,根据工程特点和作业人员素质,制订总的培训计划。第二,结合工程进展情况,每个月明确具体培训内容和培训对象。第三,注意培训时间的确定,一般是分部工程转换前、每个分项工程开工前讲授施工和安全管理要点,以及一线工人安全生产注意事项。

2010年授课计划见表8-5。

2010 年课时安排计划表　　　　表8-5

序号	教学计划	教学时间	课时	培训对象
1	《公路水运工程安全生产监督管理办法》学习	2010.4	2	班组长以上管理人员
2	安全常识及要点	2010.4	2	班组长以上管理人员
3	钻孔桩施工组织设计	2010.4	2	班组长以上管理人员
4	劳动保护	2010.5	1	班组长以上管理人员
5	钢筋笼制作安全技术	2010.5	1	一线工人
6	起重装吊作业	2010.6	1	一线工人

序号	教学计划	教学时间	课时	培训对象
7	卫生防疫	2010.6	1	一线工人
8	箱梁施工组织设计	2010.7	1	班组长以上管理人员
9	施工现场临时用电	2010.7	1	一线工人
10	文明施工与环境意识	2010.8	1	一线工人
11	突发事件应对	2010.8	2	班组长以上管理人员
12	职业病预防	2010.9	1	一线工人
13	钻孔桩施工	2010.9	1	一线工人
14	机械安全操作规程	2010.9	1	一线工人
15	案例分析	2010.10	1	班组长以上管理人员
16	安全生产法规	2010.10	2	班组长以上管理人员
17	现场救护	2011.11	2	班组长以上管理人员
18	公民道德修养	2010.11	1	一线工人
19	重点工序安全技术讲解	2010.12	1	班组长以上管理人员
20	劳动法与劳动合同法	2010.12	1	班组长以上管理人员

2010年9月18日在一线工人业余学校进行了钻孔桩施工的安全教学,授课老师是驻地办安全工程师王某,参加人员为项目部领导,安全部、工程部、测量中心、生产调度部门的安全管理人员,钻孔班组和钢筋班组的施工人员。

主讲老师将钻孔桩的安全注意事项做成幻灯片,通过投影仪给学员进行了授课(约15min),然后项目部、钻孔班组、钢筋班组分别结合各自的施工经历和经验对施工要注意的安全事项进行了讨论和发言(约30min),学习氛围非常热烈。

7. ABC环境状态预警法

任何生产活动都离不开工作环境,工作环境的标准化管理是保证预警实效的前提。在通常情况下,可以将工点环境分为ABC等3种状态:

A状态是指有良好的作业环境。在现场工作中,工作的面积、通道、加工方法、通风设施、温度、光照、噪声、粉尘以及人员密度等,所有这些都能满足人的生理和心理需要。

B 状态是指需要改进的场所环境。比如某些环境能满足生产的要求,却不能满足人的生理和心理需要,这样的场所就需要改进。

C 状态是指现场的环境既不能满足人的生理和心理需要,又不能满足产品加工的需要,那就应该通过彻底的改善来消除这种状态。

环境管理的要求是设备、物品、通道必须严格地按科学的位置固定。即永远保持 A 状态,不断改善 B 状态,随时清理 C 状态。通过"永远""不断"和"随时"科学地进行动态整理,使作业生产能够在时间上、空间上和数量上加以计划、组织,实现设备、物品、通道等现场管理的科学化、规范化和标准化。

环境管理的基本规则:

(1)有场必有图。就是凡是具有一定作业规模、一定工作周期的场所,在开工前一定要进行总体规划,并绘制平面布局图。

(2)有图必分区。就是在平面布局图中,要标示出原材料区、生产区、成品区、废料区和车流通道等。同时物有所归,将设备、物品等划区管理堆放,区域明确。

(3)有区必挂牌。就是整个项目要统一制定标志标牌管理规定,标牌颜色、大小和字体字号标准化。各类物品在各类区域内放置,做到各就各位,不得占用通道。每一类物品按所处的工艺状况标明专门的分类标志。

案例6　作业工点标准化预警管理

工程概述:××长江公路大桥 Z4 主墩平台平面尺寸为 48m×81m,平台功能分区主要分为:①教育休息区域(工人班前教育区、工人休息室、标志标牌区);②混凝土供应区域;③材料堆放区域(钢筋临时摆放区、劲性骨架加工及模板修整区、杂物堆放区、工器具摆放区、劲性骨架及小型钢构件存放区);④养护设施布置区;⑤安全通道。

分区之间刷黄色油漆分区线,界线分明。同时,视具体情况悬挂标志标牌。

1) 全景俯拍图与作业平台布局

全景俯拍图与作业平台布局如图 8-5 所示。

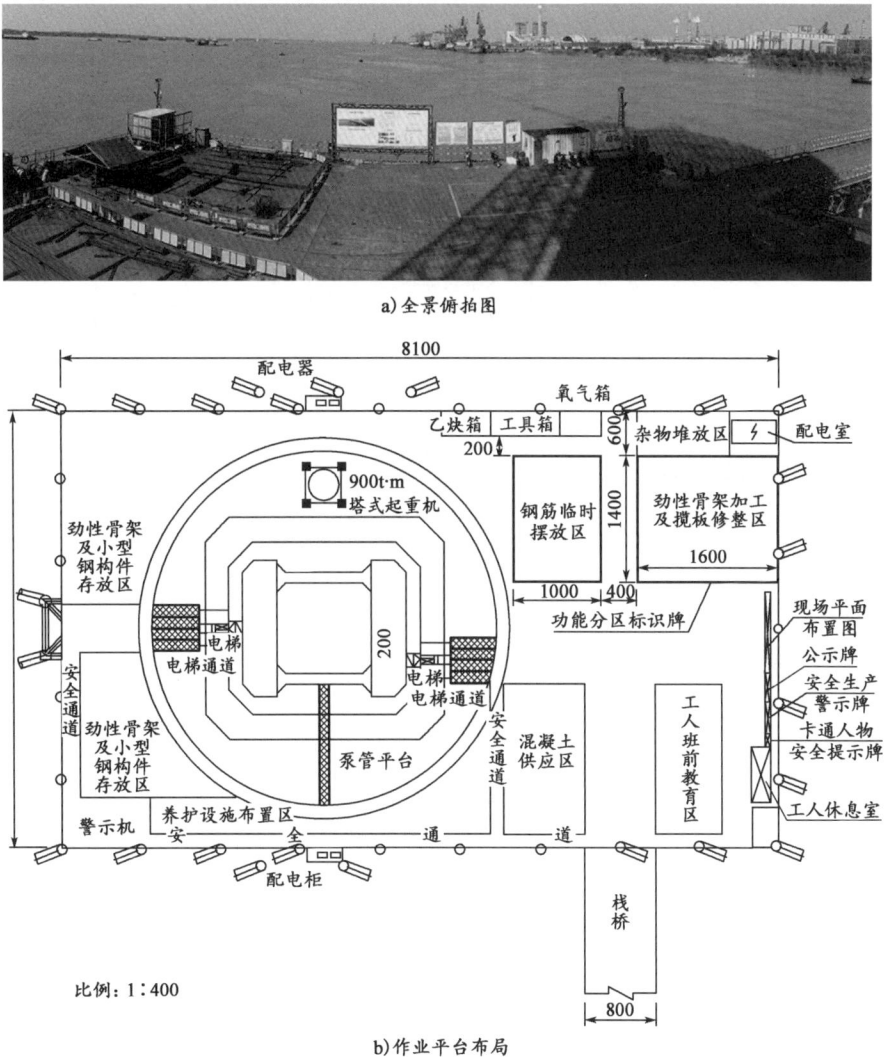

a) 全景俯拍图

b) 作业平台布局

图 8-5　全景俯拍图与作业平台布局 (尺寸单位:cm)

2) 工人休息区及标志标牌区

工人休息区及标志标牌区位于平台下游侧,远离塔柱施工时吊装作业区域,符合安全规范要求。标志标牌远离吊装作业区布置,可有效避免吊装作业时碰撞损害,如图8-6所示。

a)标志标牌区

b)材料堆放区

图8-6　标志标牌区及材料堆放区

3)混凝土供应区

拖泵布置在起始平台靠栈桥侧(岸侧),混凝土浇筑时不影响平台内侧区域施工。泵管从高压拖泵接出,泵管沿主墩钢平台接长并搭设泵管平台至塔肢处。拖泵集料斗上方采用脚手管立柱＋彩钢瓦顶棚结构形式防雨棚,使得雨天浇筑混凝土质量得到了有效保障。

4)材料堆放区

钢筋临时摆放区、劲性骨架加工及模板修整区、杂物堆放区、工器具摆放区位于平台靠江侧,不影响混凝土浇筑,分区之间用标志牌分隔开,实现了人、料、机分离的平台布局原则。分区标志牌由标牌和立柱两部分组成,采用装配式,拆装方便快捷;标牌采用彩钢板＋不锈钢管制作而成,蓝底白字,层次鲜明;立柱采用不锈钢管＋型钢底座制作而成,制作方便,便于移动,如图8-6所示。

5）养护设施布置区

下横梁施工前在平台上游靠岸侧布置 1 个 $10m^3$ 水箱，分管 2 个塔肢养护，下横梁施工完成后在下横梁顶板上另设 1 个 $10m^3$ 水箱，通过平台和下横梁上的高压离心泵接力供水，如图 8-7 所示。

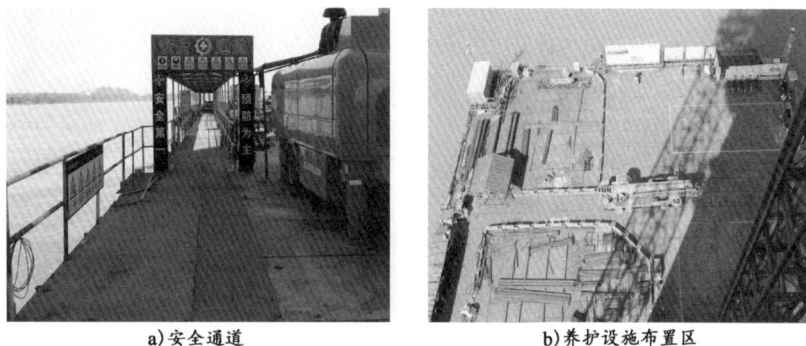

a）安全通道   b）养护设施布置区

图 8-7　养护设施布置区及安全通道

6）安全通道

安全通道沿平台岸侧边缘布置，远离塔柱施工区域，符合安全规范要求。安全通道采用角钢立柱＋彩钢瓦顶棚结构形式，简约而不失实用，与主墩平台整体布局相映衬，相得益彰。安全通道两侧用脚手管护栏分隔开来，从根本上解决了以往杂物经常占用安全通道位置的安全通病，如图 8-7 所示。

我们从小就习惯了在提醒中过日子。天气刚有一丝风吹草动，妈妈就说："别忘了多穿衣服"。才相识了一个朋友，爸爸就说："小心他是个骗子"。你取得了一点成功，还没容得乐出声来，所有关切着你的人一起说，别骄傲！你沉浸在欢快中的时候，自己不停地对自己说："千万不可太高兴，苦难也许马上就要降临……"提醒已经成了我们大家生活中的习惯。可是在现实生活中，这种提醒多半是多余的。在安全生产没有发生事故的情况下，这种提醒肯定是多余。就算是发生了安全事故，有时我们怅然发现，所做的准备也只是事倍功半。

预警的重点是系统性、快速性和公开性。预警的难点在于预警阈值的选择、信息发布时机的确定、管理流程的科学合理。关于预警就像是个梯形的切面，它有大的一面也有小的一面，就看你是怎样看待预警、怎样对待预警。正确对待预警信息的态度应该是，宁可信其有，不可信其无；宁可万无一失，不能一失万无；宁听不理解的"骂声"，不听事故后的"哭声"。

九、谈检查

在安全生产管理中，最常用、最简单的手段就是安全生产大检查或安全隐患大排查。其实检查与排查没有什么实质意义上的差别，都是在安全生产过程中为了发现问题而组织的查看活动。一般认为，来自外界或上级的安全生产检查，主要是针对安全管理工作效果的检查，通常用检查一词；生产单位自身的安全检查，主要是针对安全生产环节的隐患而开展的检查，通常用排查一词。

1. 检查的类型与适用范围

安全检查的类型包括：日常安全检查、定期安全检查、专项安全检查、季节性安全检查、节假日前安全检查、开工/复工安全检查、"飞行"安全检查和远程（线上）安全检查。

1）日常安全检查

日常安全检查是生产单位基层组织的一种自检，主要包括公司、分公司、项目部安全管理人员在施工现场进行的巡查；各级管理人员在现场检查生产、进度、质量、技术的同时进行的安全巡查；班组长和班组兼职安全员进行的班前、班中和班后安全检查。

2) 定期安全检查

定期安全检查是生产单位或上级有关单位根据生产作业进程以及生产环境变化开展的具有一定规律性的安全检查。如公司每年组织不少于一次定期安全检查,分公司每月组织一次定期安全检查,项目部每周组织一次定期安全检查。

3) 专项安全检查

专项安全检查是生产单位或上级有关单位针对某项专业或某种隐患治理而开展的专业性安全检查。一般是分公司、项目部根据某一时期安全生产普遍存在的薄弱环节、上级主管部门的要求,每年组织 1 ~ 2 次专业性安全检查,如对"防坍塌,防坠落,反三违""施工现场安全用电"和"隧道施工安全隐患整治"等安全专项治理活动的检查。

4) 季节性安全检查

季节性安全检查是为了防止或避免气候变化对安全生产带来的不利影响而开展的专门检查。在冬季主要检查防火、防寒、防冻、防中毒、防滑;在夏季、雨季主要检查防汛、防暑、防台风、防触电、防坍塌、防雷击。

5) 节假日前安全检查

节假日前安全检查是生产单位在节假日放假前,对一些容易受环境影响而导致安全性发生变化的机电设备、临时设施等进行的安全检查,如脚手架(支架)、物料提升机、塔式起重机和现场用电线路与设备等。

6) 开工/复工安全检查

项目开工时,对进场设备、人员、临时设施等进行安全检查或工程停工或局部停工后进行复工时,对现场安全隐患进行全面排查,重点检查安全条件是否具备。

7) "飞行"安全检查

"飞行"安全检查也可以说是不定期安全检查或突击安全检查。一般是上级有关单位或部门,不发通知、不打招呼,直接进入生产现场进行安全检查的一种形式。也就是通常所说的"四不两直"检查方式,即不发通知、不打招呼、不听汇报、不用陪同,直奔基层、直插现场。

8)远程(线上)安全检查

远程(线上)安全检查是利用信息化手段检查的一种形式,指检查人员通过视频观看、语音问询、数据传输等方式,向项目建设有关人员了解情况,并提出必要的管理要求和措施。

2. 安全检查的方法

安全检查是发现危险因素的手段,是指导安全整改消除危险因素的前提,把事故和职业通病消灭在事故发生之前,以保证安全生产。因此,不论何种类型的安全检查,都要防止搞形式、走过场,更要反对那种"老问题、老检查、老不解决"的官僚主义作风。要讲究实效,每次安全检查都要本着对安全生产、对广大职工的安全健康高度负责的态度,认真贯彻边检查、边整改的原则,积极运用切实有效的方式方法开展安全检查工作。按照安全检查的行为,通常的方法是看现场、听介绍、查文本、测数值、试设备 5 个步骤。按照安全检查的手段,通常的方法有安全检查表法和仪器检查法。

1)按照安全检查的行为分

看现场:主要查看现场标志标识、"三宝"(安全帽、安全带和安全网)使用情况、洞口和临边防护、现场汽车(行人)通道、临时用电管理、大型临时设施如模板支撑情况等,上下通道及支架搭设连接,文明施工情况。

听介绍:主要听取现场人员介绍,如安全管理组织机构、制度建设、隐患排查工作以及生产环境等方面情况。

查文本:主要是查安全生产的内业资料或者说是文字资料。如安全经费的使用、管理文件的归档、检查活动和整改活动的通知和记录等。

测数值:主要是用工具、仪器或设备进行实测实量,如对脚手架各种杆件间距、在建工程与高压线距离、电箱的安装高度等进行测量,以及用仪器、仪表实地进行测量,如用经纬仪测量塔式起重机塔身的垂直度,用接地电阻测试仪测量接地装置的接地电阻等；用电笔测试导体是否带电；测量隧道逃生管道、动火安全间距是否满足要求。

试设备：主要是在现场由驾驶人或操作工对各种限位装置进行实际动作，检验其使用设施、设备的安全装置的动作灵敏性和可靠性；对起吊设备进行试吊。

2）按照安全检查的手段分

（1）安全检查表法

为使检查工作更加规范，将个人的行为对检查结果的影响减少到最小，常采用安全检查表法（SCL）。安全检查表法是事先把系统加以剖析，列出各层次的不安全因素，确定检查项目，并把检查项目按系统的组成顺序编制成表，以便进行检查或评审，这种表就叫作安全检查表。

安全检查表是进行安全检查，发现和查明各种危险和隐患，监督各项安全规章制度的实施，及时发现事故隐患并制止违章行为的一个有力工具。安全检查表应列举需查明的所有可能会导致事故的不安全因素。每个检查表均需注明检查时间、检查者、直接负责人等，以便分清责任。安全检查表的设计应做到系统、全面，检查项目应明确。

编制安全检查表的主要依据如下：

①有关标准、规程、规范及规定。

②国内外事故案例及本单位在安全管理和生产中的有关经验。

③通过系统分析确定的危险部位及防范措施都是安全检查表的内容。

④新知识、新成果、新方法、新技术、新法规和新标准。

（2）仪器检查法

对于机器、设备内部的缺陷，以及作业环境条件的真实信息或定量数据，只能通过仪器检查法来进行定量化的检验和测量，从而为后续整改提供信息。因此，必要时需要实施仪器检查。由于被检查的对象不同，检查所用的仪器和手段也不同。

在工程施工现场,常用的安全检查仪器有:

①检查几何尺寸的仪器:卷尺、经纬仪、水准仪、卡尺、塞尺等。

②检查受力状态的仪器:传感器、拉力器、力矩扳手等。

③检查电器的仪器:接地电阻测试仪、绝缘电阻测试仪、电压电流表、电笔等。

④检查噪声的仪器:声级计等。

⑤检查风速的仪器:手持式风速仪等。

实际工作中,应当加强对安全检测设备或工具的计量检定管理工作,对国家明令规定实施强制检定的安全检测设备或工具,必须按要求进行检定、校准。

3)安全生产检查的工作程序

安全检查工作一般包括以下几个步骤。

(1)安全检查准备

①确定检查对象、目的、任务。

②查阅和掌握有关法规、标准、规程的要求。

③了解检查对象的工艺流程,生产情况,可能出现危险、危害的情况。

④制订检查计划,安排检查内容、方法、步骤。

⑤编写安全检查表或检查提纲。

⑥准备必要的检测工具、仪器、书写表格或记录本。

⑦挑选和训练检查人员并进行必要的分工等。

(2)实施安全检查

实施安全检查就是通过访谈、查阅文件和记录、现场检查、仪器测量的方式获取信息。

①访谈。通过与有关人员谈话来了解相关部门、岗位执行规章制度的情况。

②查阅文件。检查设计文件、作业规程、安全措施、责任制度、操作规程等是否齐全,是否有真实查阅的相应记录,判断上述文件是否真实,了

解执行情况。

③现场检查。到作业现场寻找不安全因素、事故隐患、事故征兆等。

④仪器测量。利用一定的检测检验仪器设备对在用的设施、设备、器材状况及作业环境条件等进行测量，以发现隐患。

（3）总结、分析与判断

掌握情况（获得信息）之后，就要进行分析、判断和检验。可凭经验、技能进行分析、判断，必要时可以通过仪器检验得出正确结论。

（4）决策

做出判断后，应针对存在的问题做出采取措施的决定，即下达隐患整改意见和要求，包括要求进行的信息反馈。

（5）整改落实

通过复查整改落实情况，获得整改效果的信息，以实现安全检查工作的闭环。

4）注意做好安全检查的"5 个环节"

安全检查的策划—实施—总结—通报—销项 5 个环节，对于安全检查的效果影响较大。检查活动开展前需进行详细策划，检查中要深入细致，检查后要及时进行总结并通报。

（1）安全检查的策划

主要内容包括制订检查日程安排，确定检查范围、目的、项目、标准和检查重点，明确参加检查人员及分工，落实交通工具、照相器材及检查用具、器具，制定奖罚标准和评优方法，编写检查表，召开检查前预备会。

在安全生产检查中，常见的是常规检查。通常是由安全管理人员作为检查工作的主体，到作业场所的现场，通过感观或辅助一定的简单工具、仪表等，对作业人员的行为、作业场所的环境条件、生产设备设施等进行的定性检查。安全检查人员通过这一手段，及时发现现场存在的安全隐患并采取措施予以消除，纠正施工人员的不安全行为。

常规检查完全依靠安全检查人员的经验和能力，检查的结果直接受安全检查人员个人素质的影响。因此,对安全检查人员个人素质的要求较高。

(2)安全检查的实施

实际工作中安全检查类型多、内容多,因此实施安全检查要针对不同的类型提出不同的方案和要求。对于日常的安全检查主要依靠检查人员所掌握的安全知识、经验,及时发现并制止"三违"现象,及时发现施工现场、各作业点存在的事故隐患、险情。如班组长每天的班前检查,主要是本班组安全设施和使用设备工具是否牢固、完好,工作环境是否有不安全因素;班中安全检查的内容是工人遵章守纪情况、不安全的事故隐患和苗头;班后安全巡视内容是现场有无留下事故隐患。对于专业或专项检查,要明确检查范围和检查重点,要做好检查前对检查人员的培训和教育。

检查过程中检查人员应做详细的检查记录,检查记录应能反映所检查的客观事实,包括存在问题和好的做法等,检查人员需保存好各种检查记录、表格、整改通知书等检查的原始资料。

(3)安全检查的总结

主要内容是及时整理出检查记录、整改通知书、处罚通知书中的相关数据,包括检查项目数量、发现事故隐患数量等;汇总建立不符合项台账。

(4)安全检查的通报

主要内容包括检查的时间、检查组参加的人员和检查的形式;检查中发现的主要问题、存在共性问题和严重的个性问题、严重"三违"现象等;分析存在问题的主要原因,明确下一步主要改进措施和具体要求。检查通报的语言要简洁明了,反对空话大话。

(5)隐患登记与销项

对检查中检查人员发现的、开具的停工整改、限期整改通知书或安全检查通报中的隐患需进行登记。隐患整改后,必须通过一定的复查程序,经过复查合格后销项,并做好记录。

3. 安全检查主要内容

1）查意识

主要检查党和国家的安全生产方针、政策、法规及有关文件精神的落实情况；检查各级管理层领导是否把安全生产工作列入重要议事日程，安全第一的思想是否落实到实际工作中；检查对安全生产工作思想认识的高度、重视的程度和抓安全生产工作的深度和广度，如项目经理是否参加安全工作会议，是否有组织参加带队检查，安全费用是否及时投入，对上级下发文件是否落实到位。

2）查制度

主要检查安全管理各项制度是否建立健全并有效执行。重点检查安全生产责任制、作业人员安全教育培训、隐患排查与治理和专项施工方案管理等方面。建立的制度是否落实到人、落实到岗位并严格执行，违章指挥、违章作业、违反劳动纪律的"三违"现象是否能及时得到纠正和处理。

3）查人员

项目管理人员特别是安全管理负责人是否在岗，是否取得相应交通、建筑工程安全生产培训合格证，人数是否满足规定的工程类型或工程造价配备专职安全员的标准要求。

4）查现场

主要检查施工现场的作业环境、劳动条件、安全设施、操作行为、劳动防护用品的使用是否符合规程标准，重点检查重大危险源、临边防护、现场用电和高空作业等是否按照管理规定或采取了有效的控制措施。当发现危及人身安全和健康的重大不安全因素时，必须立即采取应急措施（如紧急撤离、停工）。

5）查方案

主要检查施工组织设计是否编制了安全技术措施，是否有审批手续。

对工程现场发生的各种隐患,要制订出具体的防控措施。

检查对专业性较强的项目(如脚手架工程、施工用电、基坑支护、模板工程、起重吊装作业、塔式起重机、物料提升机及其他垂直运输设备的拆装)是否都编制了专项安全施工方案,是否有审批手续。安全技术措施交底工作是否规范开展并做好跟踪落实。

6)查设备

检查是否制定设备和工艺的选用规定,严禁使用淘汰、落后或不安全的设备或工具。

7)查教育

主要检查新入场的工人上岗前是否经过三级安全教育培训并经考试合格。从事特种作业的人员是否经专门的安全培训考核,是否持有效资格证上岗。

8)查内业资料

各项检查记录是否真实,是否有缺漏,人员登记是否全面,台账是否全面并及时更新,安全费用资料是否收集完全,是否编制各项制度、计划,物资领用是否真实。

9)查事故处理

主要检查发生伤亡事故后是否按"四不放过"的原则进行报告和处理。查安全检查记录和事故隐患的整改、处置和复查情况。

4. 检查者的义务和权利

我国的安全生产管理随着社会的发展、科技的进步,在不断地加强、不断地深化。坚持以人为本、安全发展,坚持安全第一、预防为主、综合治理的方针,一个强化和落实生产经营单位的主体责任,建立生产经营单位负责、职工参与、政府监管、行业自律和社会监督的机制已经形成并正在完善。从安全管理检查的总体格局看,主要有生产经营单位的自查和政府相关部门或单位的督查。当然,无论是生产经营单位的自查,还是政府相关部门或单位的督查，都要根据检查的目的确定不同的检查形式和方法。作为参加检查的检查者，必须明确检查者的义务和权利。

1）生产经营单位

生产经营单位的安全生产管理人员应当根据本单位的生产经营特点，对安全生产状况进行经常性检查。对检查中发现的安全问题，应当立即处理；不能处理的，应当及时报告本单位有关负责人，有关负责人应当及时处理。检查和处理情况应当如实记录在案。

生产经营单位应当建立健全生产安全事故隐患排查治理制度，采取技术、管理措施，及时发现并消除事故隐患。事故隐患排查治理情况应当如实记录，并向从业人员通报。

生产经营单位的安全生产管理人员在检查中发现重大事故隐患，应按规定向本单位有关负责人报告，有关负责人不及时处理的，安全生产管理人员可以向主管的负有安全生产监督管理职责的部门报告，接到报告的部门应当依法及时处理。

生产经营单位不得将生产经营项目、场所、设备发包或者出租给不具备安全生产条件或者相应资质的单位或者个人。生产经营项目、场所确需发包或者出租给其他单位的，生产经营单位应当与承包单位、承租单位签订专门的安全生产管理协议，或者在承包合同、租赁合同中约定各自的安全生产管理职责；生产经营单位对承包单位、承租单位的安全生产工作统一协调、管理，定期进行安全检查，发现安全问题的，应当及时督促整改。

2）政府监督检查

2021年6月10日，第十三届全国人民代表大会常务委员会第二十九次会议通过《关于修改〈中华人民共和国安全生产法〉的决定》第三次修订，自2021年9月1日起施行。修订后的《中华人民共和国安全生产法》第六十二条规定：县级以上地方各级人民政府应当根据本行政区域内的安全生产状况，组织有关部门按照职责分工，对本行政区域内容易发生重大生产安全事故的生产经营单位进行严格检查。

应急管理部门应当按照分类分级监督管理的要求,制订安全生产年度监督检查计划,并按照年度监督检查计划进行监督检查,发现事故隐患,应当及时处理。

第六十五条规定,应急管理部门和其他负有安全生产监督管理职责的部门依法开展安全生产行政执法工作,对生产经营单位执行有关安全生产的法律、法规和国家标准或者行业标准的情况进行监督检查,行使以下职权:

(1)进入生产经营单位进行检查,调阅有关资料,向有关单位和人员了解情况。

(2)对检查中发现的安全生产违法行为,当场予以纠正或者要求限期改正;对依法应当给予行政处罚的行为,依照本法和其他有关法律、行政法规的规定作出行政处罚决定。

(3)对检查中发现的事故隐患,应当责令立即排除;重大事故隐患排除前或者排除过程中无法保证安全的,应当责令从危险区域内撤出作业人员,责令暂时停产停业或者停止使用相关设施、设备;重大事故隐患排除后,经审查同意,方可恢复生产经营和使用。

(4)对有根据认为不符合保障安全生产的国家标准或者行业标准的设施、设备、器材以及违法生产、储存、使用、经营、运输的危险物品予以查封或者扣押,对违法生产、储存、使用、经营危险物品的作业场所予以查封,并依法作出处理决定。

监督检查不得影响被检查单位的正常生产经营活动。

第六十六条规定,生产经营单位对负有安全生产监督管理职责的部门的监督检查人员(以下统称安全生产监督检查人员)依法履行监督检查职责,应当予以配合,不得拒绝、阻挠。

第六十七条规定,安全生产监督检查人员应当忠于职守,坚持原则,秉公执法。安全生产监督检查人员执行监督检查任务时,必须出示有效的行政执法证件；对涉及被检查单位的技术秘密和业务秘密，应当为其保密。

第六十八条规定，安全生产监督检查人员应当将检查的时间、地点、内容、发现的问题及其处理情况，作出书面记录，并由检查人员和被检查单位的负责人签字；被检查单位的负责人拒绝签字的，检查人员应当将情况记录在案，并向负有安全生产监督管理职责的部门报告。

第六十九条规定，负有安全生产监督管理职责的部门在监督检查中，应当互相配合，实行联合检查；确需分别进行检查的，应当互通情况，发现存在的安全问题应当由其他有关部门进行处理的，应当及时移送其他有关部门并形成记录备查，接受移送的部门应当及时进行处理。

第七十条规定，负有安全生产监督管理职责的部门依法对存在重大事故隐患的生产经营单位作出停产停业、停止施工、停止使用相关设施或者设备的决定，生产经营单位应当依法执行，及时消除事故隐患。生产经营单位拒不执行，有发生生产安全事故的现实危险的，在保证安全的前提下，经本部门主要负责人批准，负有安全生产监督管理职责的部门可以采取通知有关单位停止供电、停止供应民用爆炸物品等措施，强制生产经营单位履行决定。通知应当采用书面形式，有关单位应当予以配合。

负有安全生产监督管理职责的部门依照前款规定采取停止供电措施，除有危及生产安全的紧急情形外，应当提前二十四小时通知生产经营单位。生产经营单位依法履行行政决定、采取相应措施消除事故隐患的，负有安全生产监督管理职责的部门应当及时解除前款规定的措施。

3）工会以及从业者

修订后的《中华人民共和国安全生产法》对工会组织、生产的从业者在安全生产中的义务和权利也作出了规定。

第五十九条规定，从业人员发现事故隐患或者其他不安全因素，应当立即向现场安全生产管理人员或者本单位负责人报告；接到报告的人员应当及时予以处理。

第六十条规定,工会有权对建设项目的安全设施与主体工程同时设计、同时施工、同时投入生产和使用进行监督,提出意见。

工会对生产经营单位违反安全生产法律、法规,侵犯从业人员合法权益的行为,有权要求纠正;发现生产经营单位违章指挥、强令冒险作业或者发现事故隐患时,有权提出解决的建议,生产经营单位应当及时研究答复;发现危及从业人员生命安全的情况时,有权向生产经营单位建议组织从业人员撤离危险场所,生产经营单位必须立即作出处理。

工会有权依法参加事故调查,向有关部门提出处理意见,并要求追究有关人员的责任。

案例1 ××××大桥建设办对 WQ-2 标段进行安全专项检查

检查时间:20××年3月17日。

检查地点:WQ-2 标段施工现场。

检查内容:①特种设备检验和特种作业人员持证上岗情况;②脚手架搭设情况;③钢筋加工区和拌和站安全生产管理情况。

参加人员:建设办安全部部长(担任本次检查组组长)、驻地办高级驻地、安全监理、2 名安全员、1 名电工、1 名门式起重机操作手。

1)检查准备

(1)人员分组

第1组:驻地办高级驻地、1 名安全员、1 名门式起重机操作手。检查特种设备检验和特种作业人员持证上岗情况,以及脚手架搭设情况。

第2组:安全监理、1 名安全员、1 名电工。检查现场临时用电、钢筋加工区和拌和站安全生产管理情况。

(2)材料准备

检查用表、安全隐患整改通知单、卷尺、电笔等。

2)检查过程

第1组:检查人员通过"问"现场进场特种设备和特种作业人员数量,"看"特种设备台账和特种作业人员一览表,查看特种设备及特种作业人员的台账与现场数量是否一致,查看设备检验合格证和人员证件是否满足要求,以及特种作业人员进场后是否进行了安全教育和安全交底。

对已经搭设完毕的脚手支架,检查人员用卷尺对照施工方案进行抽查"量测",同时"查看"支架基础和垫块以及悬挂在支架醒目处的"支架管理状态牌"。

第2组:在钢筋加工区,检查门式起重机。检查人员"询问"了操作驾驶人设备各种安全保险装置是否灵敏和可靠。检查人员现场按住行程开关,然后要驾驶人进行门式起重机行走操作,操作行走无效,说明保险装置灵敏和可靠。同时"查看"了行走限位装置和起吊保险装置等。

在拌和站,检查水泥罐顶避雷针安装情况。检查人员用接地电阻测试仪检"测"水泥罐顶安装的避雷针是否满足接地电阻值要求。实测接地电阻值为 0.8Ω,检测满足要求(规定接地电阻值小于 10Ω)。

3)检查问题

(1)一辆25t汽车吊安全检验合格证有效期至2015年3月10日,合格证过期,项目部解释合格证正在办理过程中。

处理意见:下发安全隐患整改通知单,暂停使用合格证过期的25t汽车吊,合格证办理到位后方可使用。

(2)钢筋加工区氧气瓶库、乙炔气瓶库之间的安全距离不符合要求。

处理意见:下发安全隐患整改通知单,要求当日对氧气瓶库、乙炔气瓶库进行位置调整,确保符合要求。

(3)施工现场安全警示标志牌破损现象较多,字迹不清。

处理意见:下发安全隐患整改通知单,要求在7日内更换调整标志标识牌。

4)检查总结

检查组在 WQ-2 标段项目部召开会议,两个小组分别通报检查情况,本次检查组组长即建设办安全部部长提出整改要求。检查人员如实填写检查情况汇总表,按照表中要求请相关人员签字。检查结束。

案例2 "检查整改通知单""检查情况汇总表"格式

1)检查整改通知单(表9-1)

建设项目质量安全监督检查通知单　　　　表9-1

项目名称：　　　　　　　　　　　　　　　　　　　　编号：

标段/驻地		受检单位	
监督人员		检查人员	

检查内容：

一、主要问题及处理意见：

二、有关要求：

1.问题处理结果于　　　日内反馈给监督负责人；

2.各参建单位应举一反三，加强自查自纠。

受检单位负责人签名：　　　　项目业主代表签名：　　　　督查人员签名：

　　　　　　　　　　　　　　　　　　　　　　　年　　月　　日

注:1.本表一式三份。现场管理机构、受检单位、质监机构各留存一份。

　　2.本表中"检查人员"为业主现场管理机构、总监办、驻地、中心试验室等主要参与检查人员。

　　3.编号统一为"项目名称(缩写拼音字母)+数字代码(001~100)"。

2)检查情况汇总表(表9-2)

检查情况汇总表　　　　表9-2

项目：　　　　　　检查人：　　　　　　检查时间：

标段	工点	存在隐患	现场处理意见	检查人员签名	备注

注:1.现场处理意见,指立即整改、立即停工整顿、限期整改。

　　2.所有现场处理意见均以"检查整改通知单"形式送达被检查单位有关人员。

5. 对施工安全检查的思考

安全检查的目的是发现安全问题、解决安全问题、提前防范事故。前面我们已经大致了解了安全检查的形式、内容和方法,在实际检查中,由于受到检查时间、人员数量和人员素质等因素的限制,难免会影响检查效果。因此科学的检查方法,可以收到事半功倍的效果。

在检查方法上,我们要做到"先策划、数标段、查重点"。先策划,就是要了解检查对象现在处于什么样的工作阶段? 这个阶段容易发生什么样的问题? 这次检查的目的是什么? 数标段,就是要考虑检查的"面",以工程项目为例,就是要把所有的标段看完,或者尽量多看不同类型工程、不同类型隐患的工点,从中发现普遍性问题和规律性问题。查重点,就是坚持问题导向,重点检查激发事故概率较大的隐患,或者以一个关键工序为主线,对其上下游的安全管理执行情况进行检查。最后应对安全问题进行综合分析,判断其可能激发成事故的概率及可能导致事故的伤害程度,将风险控制在可以接受的程度,将隐患消除在萌芽状态。

在安全管理中,常见的、容易发生的有以下几个问题。

1) 预案体系"上下一般粗"

在编制应急预案的过程中,下级抄上级,同级相互抄袭,导致各级各部门应急预案内容雷同的现象普遍存在。不少基层单位从指导原则、职责划分、响应措施、队伍建设等各方面全盘照抄照搬上级预案。由于相互抄袭或风险评估不足,风险隐患的种类、性质、危害程度、发生可能性、触发因素与转化机制等不清楚,导致编制出来的应急预案缺乏针对性。是典型的"上下一般粗,左右一般平"。

2) 应急演练缺乏有效机制

应急预案管理是一个持续修订和完善的动态过程,需要通过实际有效的应急演练检验和实践经验总结进行定期修订。应急演练重"演"轻"练",走过场、做样子,员工未完全掌握应急避险知识和自救互救技能,事故应对处置和救援能力差。不少地方和部门忽视预案动态管理的重要性,在预案编制完成以后就将其束之高阁,将预案发布视为预案工作的终点。由于缺少应急演练优化机制,应急演练与预案修订相互脱节。

3)隐患排查治理闭环性差

隐患排查治理必须形成闭环,包括隐患排查、隐患治理、效果验证、总结分析等,每次的隐患排查活动必须有策划布置、有过程实施、有评价总结、有持续改进,每次的隐患治理活动必须有编制治理方案、落实治理措施、对治理效果进行验证、确认隐患治理达标。

4)隐患排查治理举一反三不够

各层级对每次隐患排查后发现的隐患要进行研讨分析,确定是否其他区域、其他项目有同样类似的隐患,若有一并进行治理,不能头痛医头、脚痛医脚,不能排查出什么隐患就治理什么隐患,抱着应付的心理进行隐患治理,忘却了隐患排查治理的初衷是为了预防事故,控制风险。

5)领导班子分工代替责任制

一些负有安全生产监督管理职责的部门以领导班子分工文件代替安全生产"一岗双责",缺少领导班子成员分管范围内的安全生产工作职责和考核标准、奖惩措施等。在许多企业,你可以查阅到厚厚的一本岗位职责手册,手册中有每个部门的部门职责和每个岗位的岗位职责,但没有考核标准和奖惩措施。

6)班组安全活动敷衍应付

加强班组安全建设、开展班组安全活动是班组安全建设的重要环节,敷衍应付的班组安全活动现象普遍存在。检查中要了解班组长是否具有相应的安全知识、组织协调能力及沟通交流的能力;要了解班组安全活动是否流于形式,安全知识和责任是否传递到每一位作业人员;也可以了解班组活动是否与时俱进,利用小视频、手机 App、微信公众号等与班组成员进行同频互动等。

7）双重预防机制流于形式

坚持预防为主，确立风险分级管控和隐患排查治理双重预防机制，为从源头上防范化解重大安全风险、防止和减少生产安全事故竖起两道屏障。落实这项重要制度还存在很多问题，一是企业对双重预防机制认识不到位，缺乏建立机制的主动性。二是风险分级管控制度质量不高，好看不好用。三是风险分级管控和隐患排查治理衔接不够。双重预防机制没有真正浸入企业生产经营、标准化建设全过程，安全管理制度和实际运行"两张皮"，安全生产治理模式还没有完全实现向事前预防转变。

8）信息化建设水平不高

安全生产管理信息化建设速度缓慢，存在认知不足、投入不足的问题，信息化生产技术与装备的适应性较差。法律规定负有安全生产监督管理职责的部门应当相互配合、齐抓共管、信息共享、资源共用，在实际工作中仍存在各行业领域安全生产监管信息系统各自为战、信息共享难、技术不兼容、运营维护弱等问题，缺乏数据互联互通、共建共享的顶层设计和规划，地方在打通数据壁垒方面存在较大阻碍，容易造成重复建设、资源浪费等情况。

我们一方面强调安全检查，同时也要清醒地认识到安全检查不是万能良药，不是检查的频次越多越好，不是检查的问题越多就证明检查的效果就越好。安全工作不仅要多些对现场的检查，还要深入细致地剖析思考，找准安全工作的问题，要想方设法激发责任单位的内生动力，责任单位能够自发地开展隐患自查、自改，形成全员自觉进行安全自检、自查、自改的制度和习惯，会比外力推动式的安全检查更有实效性。

检查是管理工作中必要的内容、重要的环节，但是过多、过度的检查既

浪费人力和财力,也给基层单位带来负担,属于事倍功半。做好安全生产检查工作要注意处理好"五个关系":一是检查与督促的关系,做到发现问题与督促指导工作相结合;二是检查与闭环的关系,做到检查结果与整改效果相结合;三是检查与调研的关系,做到治理个性问题与调研解决共性问题相结合;四是检查与学习的关系,做到检查基层与向基层学习相结合;五是检查与改进的关系,做到开展检查工作与反思完善检查工作相结合。

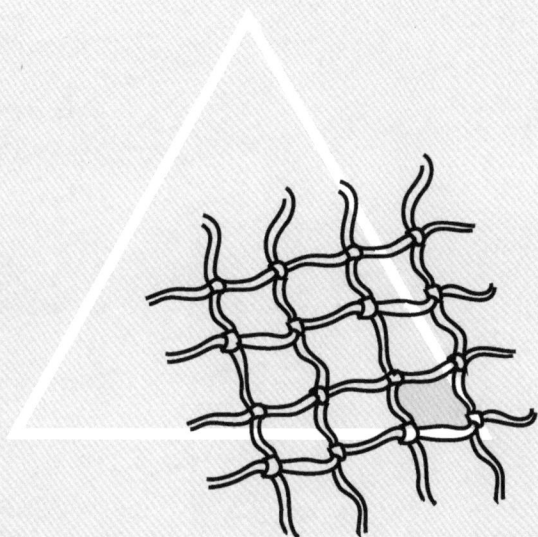

施工安全风险管理的根本，是落实各方各岗的责任。提高管理技术的实效性，必须坚持安全第一、预防为主、综合治理的方针，构建符合安全生产规律的管理体制和机制，打好行政、经济、法治、科技等多种手段的"组合拳"。

■■■■■ 十、谈责任

　　"责任"是安全生产管理中的高频词。安全生产管理中常见的关于责任的词语有安全生产责任制、直接责任、间接责任、主要责任、次要责任、领导责任、责任人等。由此可见，"责任"包含着两个方面的意义：一是指分内应做的事，如职责、履职履责、岗位责任等；二是指没有做好分内的事，而应承担的不利后果或强制性义务。

　　在安全生产管理中，"责任"一词，最多的是与"明确责任、分解责任、落实责任、追究责任"等联系在一起，这其实就是关于"责任"在安全生产管理中，在不同的阶段，不同的含义和注脚。

　　我国自古以来就重视责任意识的培养。"天下兴亡，匹夫有责"强调的是热爱祖国的责任；"择邻而居"讲述的是孟母历尽艰辛、勇于承担教育子女的责任；"卧冰求鲤"是对晋代王祥恪尽孝道为人子的责任意识的传颂。一个人，只有尽到对父母的责任，才能是好子女；只有尽到对国家的责任，才能是好公民；只有尽到对下属的责任，才能是好领导；只有尽到对企业的责任，才能是好员工。只有每个人都认真地承担起自己应该承担的责任，社会才能和谐运转、持续发展。责任意识的培养是一个长期、艰巨的工作，特别是安全管理责任意识的树立，更需要多方面的培养和努力。只有具有强烈的责任心,把实现组织的目标当成是自己的目标,才会表现出对安全工作的重视和自觉。

安全生产事关人民群众生命财产安全,事关改革发展稳定大局,是人民群众最关心、最直接、最现实的利益问题,也是保护和发展社会生产力、促进经济社会持续健康发展的基本保障。党中央、国务院一直高度重视安全生产工作,特别强调安全生产工作必须坚持"党政同责、一岗双责、齐抓共管",强化安全生产负责制,落实生产经营企业的主体责任,落实行业主管部门直接监管、安全监管部门综合监管、地方政府属地监管责任。坚持管行业必须管安全,管业务必须管安全,管生产经营必须管安全。这从另一个角度可以看出,责任是一个系统,包含5个方面内容:责任意识,是"想干事";责任能力,是"能干事";责任行为,是"真干事";责任制度,是"可干事";责任成果,是"干成事"。出了事故,就要追究责任。

1. 安全生产管理有哪些责任?

从管理学的角度看,责任管理光靠个人的自觉还不够,作为安全管理的主要抓手,同时也要靠外在的行为规范力量来推动。我们倡导自觉自律,但是,我们要注意自觉自律是有边界,简单来说就是自觉自律有临界值。自觉自律是一种能力,完全靠自觉自律管理自己需要有勇气和毅力。因此,必要的他律就不可或缺。他律是相对自律而言的,是一种外在的动力,实际上就是来自外力的监督、检查,或者是每一个安全生产管理者必须遵守的"你必须"的社会责任或义务,以"我愿意""我应该"的内在、自觉方式表现出来,做到人人知责任、处处尽责任、事事负责任,只有形成安全管理责任自觉的社会氛围,安全生产的形势才会出现根本好转。

从广义的责任管理方面看,我们把安全事故的责任大体进行以下分类。

（1）按违法行为的性质、产生危害后果的大小划分为行政责任、民事责任和刑事责任。

①行政责任。

行政责任是指行为人有违反有关安全生产管理的法律法规规定，但尚未构成犯罪的行为，所依法应当承担的法律后果，是由相关人民政府和负有安全生产监督管理职责的部门、公安机关依法对其实施行政处罚的一种法律责任。

常见的行政责任制裁的方式有行政处分和行政处罚两种。

a. 行政处分。行政处分又称纪律处分，是指行政机关、企事业单位根据行政隶属关系，依据有关行政法规或内部规章对犯有违法失职和违纪行为的下属人员给予的一种行政制裁。

b. 行政处罚。行政处罚是由特定的行政机关或法律法规授权或行政机关委托授权的管理机构，对违反有关安全生产管理的法律法规或规章尚未构成犯罪的公民、法人或其他组织所给予的一种行政制裁。

②民事责任。

民事责任是指民事主体因违反合同或不履行其法律义务，侵害国家、集体或他人的财产、他人的人身权利而依法应当承担的民事法律后果，是由人民法院依照民事法律强制其进行民事赔偿的一种法律责任。生产安全事故的民事责任属于侵权民事责任，主要是财产损失赔偿责任和人身伤害民事责任。

③刑事责任。

刑事责任是违反安全生产法律规定已构成犯罪所依法应当承担的法律后果，由司法机关依照刑事法律给予刑罚的一种法律责任。

（2）按事故发生的因果关系划分为直接责任和间接责任。

①直接责任。

直接责任是指行为人的行为与事故有着直接的因果关系。一般根据事故发生的直接原因确定直接责任者。

②间接责任。

间接责任是指行为人的行为与事故有着间接的因果关系。一般根据事故发生的间接原因确定间接责任者。

（3）按事故责任人的过错严重程度划分为主要责任与次要（重要）责任，全部责任与同等责任。

①主要责任。

主要责任是指行为人的行为导致事故的直接发生，对事故的发生起主要作用。一般由肇事者或有关人员负主要责任。

②次要（重要）责任。

次要（重要）责任是指行为人的行为不一定导致事故的发生，但由于不履行或不正确履行其职责，对事故的发生起重要作用或间接作用。

③全部责任。

全部责任是指行为人的行为导致事故的直接发生，与其他行为人的行为无关。

④同等责任。

同等责任是指两个或两个以上行为人的行为共同导致事故的发生，对事故的发生起同等的作用，承担相同的责任。

（4）按领导的隶属关系或管理与被管理的关系划分为直接领导责任和领导责任。

①直接领导责任。

直接领导责任是指事故行为人的直接领导者对事故的发生应当承担的责任。

②领导责任。

领导责任是指除事故行为人的直接领导外的，有层级管理关系的其他领导者对事故的发生应当承担的责任。

（5）按单位或岗位的职责划分为生产经营单位安全生产主体责任和行政机关、职能部门、管理机构监管责任。

行政机关、职能部门、管理机构对职责范围的安全生产有监管职责，如果工作不力或玩忽职守就要负监管不力责任。

安全生产事故责任分类见表 10-1。

安全生产事故责任分类　　　　表 10-1

划分原则	责任分类
违法行为与后果	行政责任
	民事责任
	刑事责任
发生事故的因果	直接责任
	间接责任
责任人的过错程度	主要责任
	次要(重要)责任
	全部责任
	同等责任
管理的隶属关系	直接领导责任
	领导责任
岗位职责	主体责任
	监管责任

2. 工程施工中建设各方应承担什么责任?

工程施工一般涉及建设、施工、设计、监理和监督五方。《中华人民共和国安全生产法》《建设工程安全生产管理条例》《公路水运工程安全生产监督管理办法》等法律法规和规章制度中,对工程施工中五方安全管理职责,依据建设工程各方的工作内容和工作性质,规定了各方的基本安全生产责任。

1)建设单位责任

(1)建设单位对公路水运工程安全生产负管理责任。依法开展项目安全生产条件审核,按规定组织风险评估和安全生产检查。根据项目风险评估等级,在工程沿线受影响区域作出相应风险提示。

(2)建设单位不得对勘察、设计、监理、施工、设备租赁、材料供应、试验检测、安全服务等单位提出不符合安全生产法律、法规和工程建设强制性标准规定的要求。不得违反或者擅自简化基本建设程序。不得随意压缩工期。

（3）建设单位应当向施工单位提供施工现场及毗邻区域内供水、排水、供电、供气、供热、通信、广播电视等地下管线资料，气象和水文观测资料，相邻建筑物和构筑物、地下工程的有关资料，并保证资料的真实、准确、完整。

（4）建设单位在编制工程概算时，应当确定建设工程安全作业环境建设和安全施工措施所需费用。

（5）建设单位在申请领取施工许可证（开工报告）时，应当按照有关规定向相关单位提供建设工程有关安全施工措施的资料。

2）勘察单位责任

（1）勘察单位应当按照法律、法规和工程建设强制性标准进行勘察，提供的勘察文件应当真实、准确，满足建设工程安全生产的需要。

（2）勘察单位在勘察作业时，应当严格执行操作规程，采取措施保证各类管线、设施和周边建筑物、构筑物的安全。

3）设计单位责任

（1）设计单位应当按照法律、法规和工程建设强制性标准进行设计，防止因设计不合理导致生产安全事故的发生。

（2）设计单位应当考虑施工安全操作和防护的需要，对涉及施工安全的重点部位和环节在设计文件中注明，并对防范生产安全事故提出指导意见。

（3）采用新结构、新材料、新工艺的建设工程和特殊结构的建设工程，设计单位应当在设计中提出保障施工作业人员安全和预防生产安全事故的措施建议。

4）监理单位责任

（1）工程监理单位应当审核施工项目安全生产条件，审查施工组织设计中的安全技术措施或者专项施工方案是否符合工程建设强制性标准。

（2）工程监理单位在实施监理过程中，发现存在安全事故隐患的，应当要求施工单位整改；情况严重的，应当要求施工单位暂时停止施工，并及时报告建设单位。施工单位拒不整改或者不停止施工的,工程监理单位应当及时向有关主管部门报告。

(3)工程监理单位和监理工程师应当按照法律、法规和工程建设强制性标准实施监理,并对建设工程安全生产承担监理责任。

5)施工单位责任

施工单位是安全生产经营活动的责任主体,应履行以下安全责任:

(1)施工单位应当按照法律、法规、规章、工程建设强制性标准和合同文件组织施工,保障项目施工安全生产条件,对施工现场的安全生产负主体责任。施工单位主要负责人依法对项目安全生产工作全面负责。

建设工程实行施工总承包的,由总承包单位对施工现场的安全生产负总责。分包单位应当服从总承包单位的安全生产管理,分包单位不服从管理导致生产安全事故的,由分包单位承担主要责任。

(2)施工单位应当书面明确本单位的项目负责人,代表本单位组织实施项目施工生产。项目负责人对项目安全生产工作负有下列职责:

①建立项目安全生产责任制,实施相应的考核与奖惩;

②按规定配足项目专职安全生产管理人员;

③结合项目特点,组织制定项目安全生产规章制度和操作规程;

④组织编制项目安全生产教育和培训计划;

⑤督促项目安全生产费用的规范使用;

⑥依据风险评估结论,完善施工组织设计和专项施工方案;

⑦建立安全预防控制体系和隐患排查治理体系,督促、检查项目安全生产工作,确认重大事故隐患整改情况;

⑧组织制订本合同段施工专项应急预案和现场处置方案,并定期组织演练;

⑨及时、如实报告生产安全事故并组织自救。

(3)施工单位应当推进本企业承接项目的施工场地布置、现场安全防护、施工工艺操作、施工安全管理活动记录等方面的安全生产标准化建设,并加强对安全生产标准化实施情况的自查自纠。

（4）施工单位应当根据施工规模和现场消防重点建立施工现场消防安全责任制度，确定消防安全责任人，制定消防管理制度和操作规程，设置消防通道，配备相应的消防设施、物资和器材。施工单位对施工现场临时用火、用电的重点部位及爆破作业各环节应当加强消防安全检查。

（5）施工单位应当将专业分包单位、劳务合作单位的作业人员及实习人员纳入本单位统一管理。新进人员和作业人员进入新的施工现场或者转入新的岗位前，施工单位应当对其进行安全生产培训考核。施工单位采用新技术、新工艺、新设备、新材料的，应当对作业人员进行相应的安全生产教育培训，生产作业前还应当开展岗位风险提示。

（6）施工单位应当建立健全安全生产技术分级交底制度，明确安全技术分级交底的原则、内容、方法及确认手续。分项工程实施前，施工单位负责项目管理的技术人员应当按规定对有关安全施工的技术要求向施工作业班组、作业人员详细说明，并由双方签字确认。

（7）施工单位应当按规定开展安全事故隐患排查治理，建立职工参与的工作机制，对隐患排查、登记、治理等全过程闭合管理情况予以记录。事故隐患排查治理情况应当向从业人员通报，重大事故隐患还应当按规定上报和专项治理。

6）监督单位责任

国务院应急管理部门依照《中华人民共和国安全生产法》，对全国建设工程安全生产工作实施综合监督管理；县级以上地方各级人民政府应急管理部门依照《中华人民共和国安全生产法》，对本行政区域内建设工程安全生产工作实施综合监督管理。

应急管理部门和对有关行业、领域的安全生产工作实施监督管理的部门，统称负有安全生产监督管理职责的部门。负有安全生产监督管理职责的部门应当相互配合、齐抓共管、信息共享、资源共用，依法加强安全生产监督管理工作。

（1）宣传、贯彻、执行有关安全生产的法律、法规，按照法定权限制定建设工程安全生产管理规章和技术标准。对执行有关法律、法规和国家或者行业标准的情况进行监督检查。

（2）依法对建设工程从业单位安全生产条件实施监督管理,组织施工单位的主要负责人、项目负责人、专职安全生产管理人员的考核管理工作。

（3）建立安全生产应急管理机制,制订重大生产安全事故应急预案。

（4）建立建设工程从业单位安全生产信用体系,作为行业信用体系建设的一部分,对从业单位和人员实施安全生产动态管理。

（5）受理建设工程安全生产方面的举报和投诉,依法对公路水运工程安全生产实施监督检查和相应的行政处罚。

（6）依法组织或者参与调查处理生产安全事故,按照职责权限对建设工程生产安全事故进行统计分析,发布安全生产动态信息。省级交通主管部门负责向交通运输部和国务院其他有关部门报送事故信息。

（7）指导下级安全监督单位主管部门开展建设工程安全生产监督管理工作。

3. 项目管理上要抓哪些关键人的责任？

按照施工单位负责、监理单位督促、项目业主主导、政府部门监管的原则,工程建设项目安全生产实行二级领导管理。

第一级是以建设项目所有参建单位负责人组成的建设项目安委会（图 10-1）。

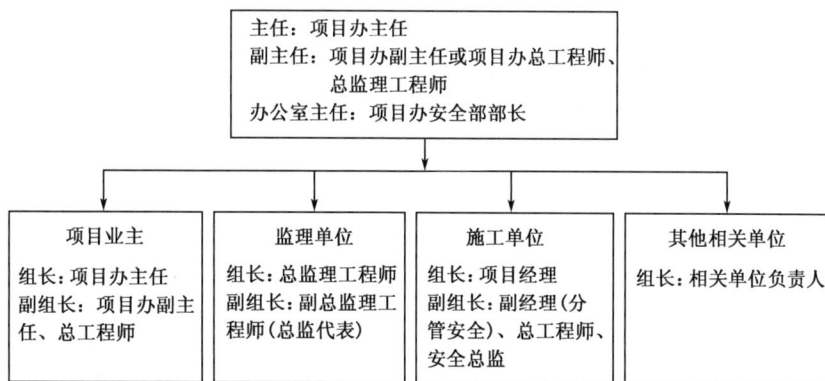

图 10-1　建设项目安委会组织框图

第二级安全生产领导小组（简称领导小组），即分别以项目业主、监理单位、施工单位为对象，由各自所属有关部门人员组成的领导小组（图10-2～图10-4）。

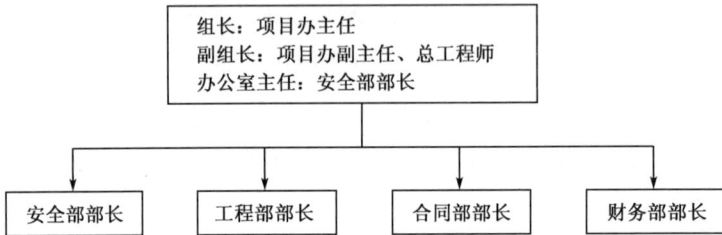

图10-2　项目业主领导小组组织框图

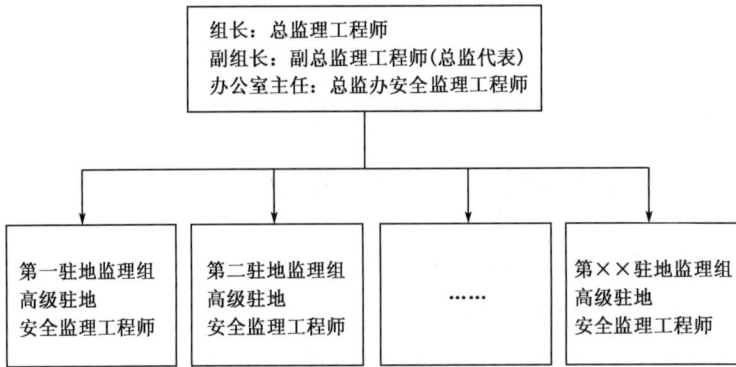

图10-3　监理单位领导小组组织框图

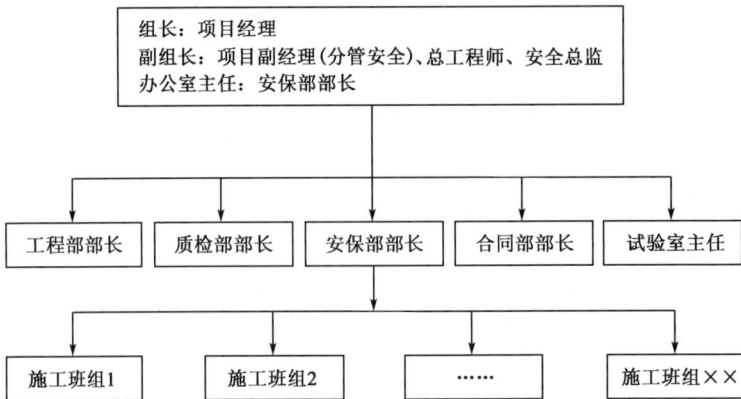

图10-4　施工单位领导小组组织框图

项目业主对所属工程项目安全生产负总责,项目办主任为安全生产第一责任人。

1)建设项目安委会组成与主要职责

(1)安委会组成

主任:项目办主任。

副主任:项目办副主任或项目办总工程师、总监理工程师。

办公室主任:项目办安全部部长。

成员:项目办安全工程师、副总监理工程师(总监代表)、高级驻地、各标段项目经理。

(2)主要职责

全面负责本项目安全生产领导和管理工作。宣传贯彻党和国家安全生产方针政策,落实上级安全生产要求;制订安全生产管理工作目标和安全生产工作计划;建立健全安全生产管理规章制度;落实隐患源的排查整改及安全文明生产标准化建设等。

2)项目业主领导小组组成与主要职责

(1)领导小组组成

组长:项目办主任。

副组长:项目办副主任、总工程师。

办公室主任:安全部部长。

成员:各部门负责人、安全工程师。

(2)领导小组主要职责

根据工程项目安全生产总体目标和要求,制订安全工作计划,建立健全各项安全管理制度,督促监理、施工单位对从业人员进行安全教育培训,对监理、施工单位安全生产进行检查和考核,定期召开安全生产例会,组织编制建设工程总体预案并组织演练,积极组织开展安全生产隐患排查和治理,及时计量、支付安全生产费用;配合政府监督管理部门对本项目的安全检查和事故调查处理。

3）项目业主安全管理岗位主要职责

（1）安委会主任（项目办主任）岗位

①贯彻落实国家有关法律法规和上级主管部门的文件精神；

②主持制订安全管理目标和安全工作计划；

③主持建立健全安全生产责任体系和各项安全管理制度；

④督促实施安全检查以及对从业人员的安全培训，及时批拨安全生产费用；

⑤定期主持召开安全生产例会；

⑥配合政府监督部门对本项目的安全检查和事故调查处理。

（2）安委会副主任岗位

①参与制订并负责落实安全管理目标和安全工作计划；

②负责落实安全生产责任制和安全管理制度；

③组织安全检查、隐患排查、复查整改结果；

④参与重大安全技术方案论证工作；

⑤主持召开月度危险源辨识与防控会议；

⑥配合政府监督部门对本项目的安全检查和事故调查处理。

（3）项目办总工程师岗位

①对本项目的安全技术工作负总责；

②参与制订并负责落实安全管理目标和安全工作计划；

③参与重大安全技术方案论证工作；

④参与安全检查，提出解决安全技术问题的建议。

（4）项目办安全部部长岗位

①落实安全管理目标和安全工作计划；

②实施安全检查与考评，进行隐患排查并复查整改结果；

③督促安全风险分析和预防制度的执行；

④审核安全生产费用的计量和支付；

⑤检查监理、施工单位安全教育、培训以及各项安全管理制度落实情况；

⑥督促、检查安全内业资料归档工作。

（5）项目办安全工程师岗位

①负责检查施工、监理单位安全生产责任制和各项安全管理制度落实情况；

②负责安全生产日常巡查工作，发现安全隐患及时下达整改通知书，必要时责令施工单位停工整改；

③负责填报安全生产报表，规范安全内业资料归档；

④负责落实对监理和施工单位安全生产检查和考评的具体工作；

⑤负责检查安全生产费用使用情况；

⑥负责检查现场安全防护、隐患排查与整改；

⑦检查标段安全培训和技术交底工作。

4）监理单位领导小组组成与主要职责

（1）领导小组组成

组长：总监理工程师。

副组长：副总监理工程师（总监代表）。

成员：总监办安全监理工程师、各高级驻地、安全监理工程师。

（2）领导小组主要职责

根据工程项目安全生产总体目标和要求，制订安全工作计划，建立健全安全管理组织机构和各项安全管理制度；检查施工单位安全教育、培训工作开展情况；审查施工单位安全管理人员、特种作业人员资质，审查施工单位特种设备使用前的验收手续，检查施工单位安全生产落实情况，对施工现场安全隐患进行排查，并督促整改，审批重大安全技术方案和专项施工方案，审核安全生产费用计量和支付。

5）监理单位安全管理岗位主要职责

（1）组长（副组长）岗位主要职责

①负责组织实施安全监理工作，承担安全监理责任；

②负责建立健全安全管理组织机构，组织制定并批准安全监理岗位

职责和各项安全管理制度；

③主持编制《安全监理计划》《安全监理实施细则》；

④主持审查施工组织设计中的安全技术措施、危险性较大工程安全专项施工方案和应急预案；

⑤主持审查施工单位各项安全管理制度制定情况，以及施工单位的资质证书和安全生产许可证符合性；

⑥组织审查施工单位的安全管理人员、特种作业人员资质，以及特种设备投入使用前的验收手续；

⑦组织检查安全风险分析和预防制度的落实情况；

⑧组织安全检查，对安全隐患要求施工单位及时整改；

⑨对隐患严重的施工单位签发工程暂停指令书，并立即报告项目办和政府监督部门；

⑩配合政府监督部门对本项目的安全检查和事故调查处理。

(2)高级驻地监理工程师岗位

①负责驻地办安全监理工作，落实安全监理各项管理制度；

②编制并组织实施《安全监理计划》《安全监理实施细则》；

③审查施工组织设计中的安全技术措施、危险性较大工程安全专项施工方案和应急救援预案；

④审查施工单位安全生产责任制、各项安全管理制度制定和执行情况；

⑤审查施工单位安全管理人员、特种作业人员资质以及特种设备使用前的验收手续；

⑥落实安全检查，发现安全隐患，应要求施工单位立即整改，隐患严重的应要求施工单位暂停施工，并及时报告总监办；

⑦定期组织召开安全例会。

(3)安全监理工程师岗位

①落实安全监理各项管理制度，严格执行《安全监理实施细则》；

②检查施工单位安全生产组织机构、保证体系是否建立健全，以及保

证体系运转情况；

③检查施工单位安全生产责任制制定和落实情况；

④初步审查施工组织设计中的安全技术措施、危险性较大工程安全专项施工方案和应急救援预案；

⑤检查施工单位资质证书、安全生产许可证，以及安全管理人员、特种作业人员持证情况；

⑥检查施工单位从业人员安全教育和培训情况；

⑦对施工现场进行安全巡查，重点检查安全防护、临时用电、单元预警，排查安全隐患。对发现的安全隐患，应要求施工单位立即整改，情况严重的必须暂时停工，并按规定及时上报；

⑧检查督促施工单位有效落实安全技术措施，对危险性较大的工程实行全过程安全监理；

⑨检查督促施工单位整理归档安全资料；

⑩检查安全管理人员配备情况，审核施工单位安全生产费用的计量；

⑪做好安全资料整理归档。

6) 施工单位领导小组组成与主要职责

(1) 领导小组组成

组长：项目经理。

副组长：项目副经理(分管安全)、总工程师、安全总监。

办公室主任：安保部部长。

成员：各部门负责人、专职安全员。

(2) 领导小组主要职责

根据工程项目安全生产总体目标和要求，制订安全工作计划，建立健全安全管理组织机构和安全保障体系，制定并落实各项安全生产管理制度，落实安全教育、培训，做好安全技术交底工作，落实安全风险分析与预防制度和应急预案的演练工作，定期和不定期进行安全检查，对施工现场安全隐患进行排查整改，落实各种安全保障措施，按规定配备安全专职管理人员,保证安全生产费用足额投入、正确使用,定期召开安全生产例会。

7)施工单位安全管理岗位主要职责

（1）组长岗位

①对所承包的工程项目安全生产负总责;

②主持制订安全生产管理目标和安全工作计划;

③建立健全安全管理组织机构和安全保障体系;

④主持制定安全生产责任制和各项安全生产管理制度;

⑤组织安全教育和培训,适时进行安全生产技术交底;

⑥组织落实安全风险分析和预防制度;

⑦定期和不定期进行安全检查,对施工现场安全隐患进行排查整改,落实各种安全保障措施;

⑧按规定配备安全生产管理人员,保证安全生产费用足额投入、正确使用;

⑨定期召开安全生产例会;

⑩配合上级部门对本合同段安全检查和事故调查处理。

（2）副组长岗位

①参与制订安全生产管理目标和安全生产计划并组织实施;

②组织落实安全生产责任制和各项安全生产管理制度;

③落实安全教育和培训工作;

④参与编制重大安全技术方案和安全专项施工方案并组织实施;

⑤组织落实安全风险分析和预防制度;

⑥定期和不定期开展安全检查,对施工现场安全隐患进行排查整改。

（3）项目总工程师岗位

①对工程施工的安全生产技术负责;

②参与制订安全生产管理目标和安全生产计划;

③组织编制施工组织设计中安全技术措施和安全专项方案;

④组织专家对重大安全技术方案和安全专项施工方案进行论证、

评审;

⑤参加安全生产检查,负责制订安全隐患整改措施;

⑥做好安全生产技术交底。

(4)安全总监岗位

①对本合同段安全生产负监督责任;

②监督检查项目安全生产组织机构是否建立健全,安保体系是否正常运转;

③监督检查项目安全生产责任制和安全管理制度制定、落实情况;

④监督检查重大安全技术方案或专项施工方案的落实情况;

⑤参与安全生产检查,监督安全生产隐患排查和整改落实情况;

⑥监督检查安全资料归档工作;

⑦监督安全生产费用投入使用情况。

(5)安保部部长岗位

①认真落实安全生产责任制和各项安全管理制度;

②组织对一线工人进行教育,建立完善的安全教育培训档案;

③参加安全技术交底会,负责检查班前会开展情况并做好记录;

④制订安全生产经费计划,保证经费正确使用;

⑤组织检查施工现场安全防护和安全设施;

⑥检查安全技术措施的落实;

⑦负责落实危险源的辨识及预警工作,发现严重隐患立即停工并及时上报;

⑧认真做好安全生产每日自查报备工作,记好安全日志,做好安全台账,负责资料归档。

(6)专职安全员岗位

①认真落实安全生产责任制和各项安全管理制度;

②参与对一线工人进行教育;

③参与安全技术交底会,负责检查班前会开展情况并做好记录;

④检查机械设备使用、保养、维修情况,办理特种设备使用验收手续;

⑤检查维护施工现场安全防护和安全设施;

⑥检查安全技术措施的落实,对危险性较大工程实行全过程旁站;

⑦负责落实危险源的辨识和预警工作,发现严重隐患立即停工并及时上报。

（7）施工班组长岗位

①服从并接受专职安全员的检查和指导;

②严格遵守安全技术操作规程,有权拒绝一切违章指挥;

③负责施工班组的安全教育,组织人员参加安全学习,认真开好班前会、做好安全技术交底;

④在每个分项工程或分部工程开工前要对所使用的机械、设备、防护用具和作业场地进行安全检查;

⑤落实现场安全防护措施和一切安全生产隐患整改指令。

4. 发生事故后怎样分析责任?

事故责任划分的依据是建立在事故原因分析的基础上的。也就是说,当我们知道了事故发生的原因,就可以根据原因找到造成这个原因的人,这个人(包括相关的各类人员)就是事故的责任人。

一般情况下,属于下列情况者为直接原因:①机械、物质或环境的不安全状态;②人的不安全行为。属于下列情况者为间接原因:①技术和设计上有缺陷,如工业构件、建筑物、机械设备、仪器仪表、工艺过程、操作方法、维修检验等的设计,施工和材料使用存在问题;②教育培训不够,未经培训,缺乏或不懂安全操作技术知识;③劳动组织不合理;④对现场工作缺乏检查或指导错误;⑤没有安全操作规程或不健全;⑥没有或不认真实施事故防范措施;⑦对事故隐患整改不力;⑧其他情况。

事故责任分析的依据是:根据事故调查所确认的事实,通过对直接原因和间接原因的分析确定事故中的直接责任者和领导责任者;在直接责任者和领导责任者中,根据其在事故发生过程中的作用确定主要责任者。

凡因"人的不安全行为"造成的事故,这个"不安全行为"的实施人,就是直接责任人,承担直接责任;而"机械、物质或环境的不安全状态"造成的事故,直接责任人就是造成"不安全状态"的人。对事故发生负有领导责任的,为领导责任者。一般从间接原因确定领导责任。在直接责任者和领导责任者中,对事故发生起主要作用的,为主要责任者。

在很多情况下,直接责任人不一定承担主要责任。比如某工地一名工人肩扛一根近3m长的钢筋在工地上行走时,碰到了工地架空电缆,并将电缆拉断,引起现场另一名工人触电。这起事故的直接责任人就是扛钢筋的工人,但主要责任人应该是设置架空线的人(违反了架空电缆高度要求)。同时,有关领导和有关人员显然应该承担教育、检查不够,管理混乱的责任。

国家在有关调查和处理安全生产事故规定中明确要求,要认真查处各类事故,坚持事故原因未查清不放过、责任人员未处理不放过、整改措施未落实不放过、有关人员未受到教育不放过的"四不放过"原则,不仅要追究事故直接责任人的责任,同时要追究有关负责人的领导责任。这里所说的"同时"追究领导责任,包括单位主要负责人和地方政府的主要领导。

5. 事故发生后怎样追究责任?

国家实行生产安全事故责任追究制度,依照安全生产法和有关法律、法规的规定,根据事故的后果和责任人的履职情况,有违法违纪行为的责任者,由有关主管机关依法追究其行政责任;构成犯罪的,由司法机关依法追究其刑事责任。

发生生产安全事故后,事故现场有关人员应当立即报告本单位负责人。生产经营单位负责人接到事故报告后,应当迅速采取有效措施,组织抢救,防止事故扩大,减少人员伤亡和财产损失,并按照国家有关规定立即如实报告当地负有安全生产监督管理职责的部门,不得隐瞒不报、谎报或者迟报,不得故意破坏事故现场、毁灭有关证据。

负有安全生产监督管理职责的部门接到事故报告后,应当立即按照国家有关规定上报事故情况。负有安全生产监督管理职责的部门和有关地方人民政府对事故情况不得隐瞒不报、谎报或者迟报。

1)发生安全生产事故的生产经营单位及其主要负责人、安全管理人员的法律责任

（1）生产经营单位主要负责人

因为生产经营单位决策机构、主要负责人不按照《中华人民共和国安全生产法》规定保证安全生产所需的资金投入;未履行安全生产管理职责,导致安全生产事故发生的,对生产经营单位主要负责人予以撤职处分,并由安全生产监督管理部门依照规定处罚;构成犯罪的,依照刑法有关规定追究刑事责任。

生产经营单位的主要负责人依照以上规定受刑事处罚或者撤职处分的,自刑罚执行完毕或者受处分之日起,五年内不得担任任何生产经营单位的主要负责人;对重大、特别重大生产安全事故负有责任的,终身不得担任本行业生产经营单位的主要负责人。

《中华人民共和国刑法》(以下简称《刑法》)明确规定,以下行为要追究刑事责任:

①在生产、作业中违反有关安全管理的规定,因而发生重大伤亡事故或者造成其他严重后果的,属重大责任事故罪。

②强令他人违章冒险作业,或者明知存在重大事故隐患而不排除,仍冒险组织作业,因而发生重大伤亡事故或者造成其他严重后果的,属强令、组织他人违章冒险作业事故罪。

③安全生产设施或者安全生产条件不符合国家规定,因而发生重大伤亡事故或者造成其他严重后果的,属重大劳动安全事故罪。

④在生产、作业中违反有关安全管理的规定,具有发生重大伤亡事故

或者其他严重后果的现实危险的,属危险作业罪。

⑤在安全事故发生后,负有报告职责人员不报或者谎报事故情况,贻误事故抢救,情节严重的,属不报、谎报安全事故罪。

(2)生产经营单位安全管理人员

生产经营单位的安全生产管理人员未履行安全生产管理职责的,导致发生生产安全事故的,暂停或者撤销其与安全生产有关的资格;构成犯罪的,依照《刑法》有关规定追究刑事责任。

(3)安全生产经营单位

生产经营单位将生产经营项目、场所、设备发包或者出租给不具备安全生产条件或者相应资质的单位或者个人的,导致发生生产安全事故给他人造成损害的,与承包方、承租方承担连带赔偿责任。

发生生产安全事故,对负有责任的生产经营单位除要求其依法承担相应的赔偿等责任外,由安全生产监督管理部门依照规定处以罚款。

生产经营单位发生生产安全事故造成人员伤亡、他人财产损失的,应当依法承担赔偿责任;拒不承担或者其负责人逃匿的,由人民法院依法强制执行。

2)建设、设计、勘察、监理单位责任追究

建设单位未提供建设工程安全生产作业环境和安全设施费用的;对勘察、设计、施工、工程监理单位提出不符合安全生产法律、法规和强制性标准规定要求的;要求施工单位压缩合同约定工期的;将拆除工程发包给不具有相应资质的施工单位的。依据情节予以责令限期整改、责令停业整顿、降低资质等级直至吊销资质证书和罚款处罚,造成重大安全事故,构成犯罪的,对直接责任人员依照《刑法》有关规定追究刑事责任,造成损失的,依法承担赔偿责任。

勘察单位、设计单位未按法律、法规和工程建设标准进行勘察、设计的;采用新结构、新材料、新工艺的建筑工程和特殊结构的建设工程,设计单位未在设计中提出保障施工作业人员安全和预防安全生产事故措施建议的,责令限期整改并处罚款,情节严重的,责令停业整顿,降低资质等级直至吊销资质证书,造成重大安全事故,构成犯罪的,对直接责任人员依照《刑法》有关规定追究刑事责任,造成损失的,依法承担赔偿责任。

工程监理单位未对施工组织设计中的安全技术措施或者专项施工方案进行审查的;发现安全事故隐患未及时要求施工单位整改或者暂时停止施工的;施工单位拒不整改或者不停止施工,未及时向有关主管部门报告的;未依照法律、法规和工程建设强制性标准实施监理的。责令限期整改、逾期未整改责令停业整顿并处罚款,情节严重的,责令停业整顿,降低资质等级直至吊销资质证书,造成重大安全事故,构成犯罪的,对直接责任人员依照《刑法》有关规定追究刑事责任,造成损失的,依法承担赔偿责任。

3)监督部门责任追究

生产经营单位发生生产安全事故,经调查确定为责任事故的,除了应当查明事故单位的责任并依法予以追究外,还应当查明对安全生产的有关事项负有审查批准和监督职责的行政部门的责任,对有失职、渎职行为的,依照《中华人民共和国安全生产法》第九十条的规定追究责任。负有安全生产监督管理职责的部门的工作人员,有下列行为之一的,给予降级或者撤职的处分;构成犯罪的,依照《刑法》有关规定追究刑事责任:

(1)对不符合法定安全生产条件的涉及安全生产的事项予以批准或者验收通过的;

(2)发现未依法取得批准、验收的单位擅自从事有关活动或者接到举报后不予取缔或者不依法予以处理的;

(3)对已经依法取得批准的单位不履行监督管理职责,发现其不再具备安全生产条件而不撤销原批准或者发现安全生产违法行为不予查处的;

(4)在监督检查中发现重大事故隐患,不依法及时处理的。

负有安全生产监督管理职责的部门的工作人员有前款规定以外的滥用职权、玩忽职守、徇私舞弊行为的,依法给予处分;构成犯罪的,依照《刑法》有关规定追究刑事责任。

有关地方人民政府、负有安全生产监督管理职责的部门,对生产安全事故隐瞒不报、谎报或者迟报的,对直接负责的主管人员和其他直接责任人员依法给予处分;构成犯罪的,依照《刑法》有关规定追究刑事责任。

案例1　××市兴业快线工程隧道重大透水事故(该起事故被列入2021年应急管理部十大典型事故案例之一)。

20××年7月15日,××市兴业快线工程一标段项目××隧道右线施工至RK2+017.6时,右线隧道内发生坍塌透水,右线进水通过LK1+860处1号车行横通道倒灌至左线隧道,导致往里162m处左线隧道LK2+022掌子面14名作业人员死亡。

1)事故发生经过

7月14日18时29分,爆破公司作业人员在右线隧道掌子面RK2+015.8处进行爆破施工,作业完成后离开隧道。18时55分开始清渣出土,后因21时10分-22时35分停电而停止。7月15日凌晨1时52分恢复,2时35分清渣完毕。至事故发生时,长达9个小时未进行喷锚支护。

7月15日凌晨2时35分,右线隧道掌子面清渣完毕后,作业人员离开,仅剩1名劳务杂工袁××在洞内抽水。其间,袁××发现掌子面拱顶位置出现少量掉渣滴水现象。

3时23分,劳务带班人员欧阳××进入右线隧道。欧阳××和袁××发现掌子面拱顶位置持续掉渣滴水,同时水量变大。

3时28分,右线隧道掌子面拱顶位置突然一次性掉落大量砂石土(约0.5m³),欧阳××和袁××紧急撤离。

3时30分,右线隧道拱顶发生坍塌冒顶,水库水开始大量涌入右线隧道,并通过1号车行横通道涌入左线隧道。

3时34分，现场管理人员陈××驾驶电动车进入右线隧道。

3时35分，在左线隧道掌子面作业的宋××、熊××等人发现有大量水涌入，立即呼喊大家紧急撤离。当时，左线凿岩班组共有16人在左线隧道掌子面作业。

3时37分，袁××驾驶电动车驶出右线隧道洞口。

3时38分，在1号车行通道处作业的左线带班人员林××和2名测量人员驾驶电动车驶出洞口。

3时40分，陈××和欧阳××分别驾驶电动车驶出右线隧道洞口。欧阳××随即又进入左线隧道，试图通知左线隧道人员撤离，但因水位上涨无法继续进入而退出。

3时42分，为防止洞内发生触电，项目人员切断洞内电源。

3时47分，在1号排风机房作业的5名作业人员步行或驾驶电动车相继撤出左线隧道洞口。

3时49分，项目部救援人员驾驶装载机进入左线隧道救援。

4时12分，左线隧道的宋××和熊××抓着通风管游到距隧道洞口约300m处脱离水面，被项目部救援人员发现，由装载机接应运送到隧道洞口附近，自行走出洞口，装载机返回继续救援。

至此，右线隧道2名作业人员安全撤离，左线隧道24名作业人员中8人安全撤离、2人逃生、14人被困。虽经多方积极营救，最终确认14名被困人员遇难。

2）事故性质

经调查认定：××市兴业快线一标段工程隧道"7·15"透水事故是一起重大生产安全责任事故。

3）事故原因

隧道下穿水库时遭遇富水花岗岩风化深槽，在未探明事发区域地质情况、未超前地质钻探、未超前注浆加固的情况下，不当采用矿山法台阶方式掘进开挖（包括爆破、出渣、支护等）、小导管超前支护措施加固和过大的开挖进尺,导致右线隧道掌子面拱顶坍塌透水。泥水通过车行横通道涌入左线隧道,导致左线隧道作业人员溺亡。

4)事故责任认定及处理意见

(1)建议移送司法机关依法追究刑事责任人员:

梁×,中铁×局×公司党委委员、副总经理、工会主席,对分管片区内的安全生产负直接管理领导责任,对事故发生负有责任。因涉嫌重大责任事故罪,被公安机关立案侦查。建议由司法机关依法追究刑事责任。

刘×,中铁×局×公司项目部经理,对事故发生负有责任。因涉嫌重大责任事故罪,被公安机关立案侦查。建议由司法机关依法追究刑事责任。

杨××,中铁×局×公司项目部副经理,分管生产,对事故发生负有责任。建议由司法机关依法追究刑事责任。

钟×,中铁×局×公司项目部总工程师,项目施工技术管理负责人。因涉嫌重大责任事故罪,被公安机关立案侦查。建议由司法机关依法追究刑事责任。

陈××,中铁×局×公司项目部安全总监,对事故发生负有责任。因涉嫌重大责任事故罪,被公安机关立案侦查。建议由司法机关依法追究刑事责任。

卢××,兴地公司(该项目监理单位)法定代表人、董事长,作为公司主要负责人和实际控制人,对事故的发生负主要责任。建议由司法机关依法追究刑事责任。

胡××,兴地公司项目总监理工程师,该项目总监理工程师,作为项目监理总负责人,对事故发生负直接责任。因涉嫌重大责任事故罪,被公安机关立案侦查。建议由司法机关依法追究刑事责任。

聂××,兴地公司项目总监代表,作为项目总监代表,对事故发生负重要责任。因涉嫌重大责任事故罪,被公安机关立案侦查。建议由司法机关依法追究刑事责任。

卢××，项目施工劳务分包单位法定代表人，对事故发生负有主要责任。建议由司法机关依法追究刑事责任。

王××，施工劳务分包单位现场负责人。建议由司法机关依法追究刑事责任。

常××，爆破分包单位项目技术负责人，该项目爆破作业项目技术负责人，对事故发生负有责任。建议由司法机关依法追究刑事责任。

王××，项目管理单位项目总监，2020年12月借调到城建市政公司工作，对事故发生负有责任。建议由司法机关依法追究刑事责任。

（2）相关部门依法对8家事故责任单位和16名相关人员予以行政处罚，部分企业纳入联合惩戒"黑名单"管理。

（3）纪检监察机关对事故属地党委政府、有关监管单位公职人员和国企人员共27人予以追责问责。

案例2　××长江大桥南锚碇工程沉井模板坍塌较大事故

20××年6月22日，××长江大桥工程南锚碇建设工地，在沉井第九节接高施工过程中，发生模板坍塌事故，事故造成3人死亡、12人受伤，直接经济损失约958万元。

1）事故发生经过

6月22日，项目部下达的工作任务是南锚碇沉井第九节模板安装、加固和顶面钢筋绑扎。中午下班前，第九节模板安装完成约80%，华×公司负责的南侧半幅、北侧半幅模板已全部安装到位，西侧还剩16块模板未安装。14时左右工人进场施工，在西侧施工场地，按照华×公司陈××安排，秦××组织木工班组8人，在第九节作业平台安装模板和走道板；谢××组织钢筋班组10人，在第九节作业平台和钢筋节段内绑扎钢筋、穿模板拉杆和拆劲性骨架水平杆；信号司索工王××在最上层作业平台指挥工地西侧塔式起重机。约14时24分，王××指挥塔式起重机司机将一块4m高模板吊到钢筋节段外侧靠西南端位置，模板就位后，作业平台上的工人用螺栓紧固。约14时35分，井壁西侧模板系统中部偏北处率先出现失稳,瞬间向外倾覆坍塌,带动南北两侧模板整体向井孔内倾覆,并将靠近北端的梯笼挤倒。坍塌过程持续约15s。共有15名工人(华×公司13人、瀚×公司2人)随坍塌的模板体系坠落至地面,或被挤压在坍塌的模板和钢筋节段中。最终导致3人高坠死亡、12人受伤(其中8人重伤、4人轻伤),沉井第九节西侧、南侧、北侧已安装模板和钢筋节段整体倾覆坍塌。

2)事故性质

经调查认定:××长江大桥南锚碇工程沉井模板坍塌事故是一起严重违反施工次序,施工现场监督管理不到位引发的较大生产安全责任事故。

3)事故原因

(1)直接原因

沉井第九节钢筋模板安装施工,在未设置缆风绳和型钢桁架的情况下,提前割断沉井西侧(约65m长度范围内)和北侧(约28m长度范围内)钢筋节段内的劲性骨架立柱支腿,造成西侧长73m、高7m的模板和钢筋节段平面外稳固性严重不足,在当时水平风荷载(东南向阵风与坍塌方向一致)与偏心荷载(悬挑操作平台作业人员荷载)的作用下,发生顺风向先西侧向外、后连带南北侧向内的整体倾覆坍塌。

(2)间接原因

①×公局×公司(该项目施工单位)

a.关键工序监管失控。施工现场管理混乱,项目部未按规定将安全技术措施落实过程的工序次序纳入管理范围,导致设置缆风绳、型钢桁架与拆卸劲性骨架作业次序颠倒。未落实对劳务单位的安全管理责任,未排查、制止劳务单位大面积割除、拆卸劲性骨架结构等"破坏高大模板稳定性"的违章行为,致使模板系统失稳的风险危害持续加剧。

b.安全技术措施未有效落实。项目部在施工过程中,片面节约成本,盲目提速增效,未经安全稳定性建模计算,将发挥结构支撑重要作用的劲性骨架拆除循环使用,缺乏科学依据和系统性论证。变更施工方案后,对明显增大的安全风险没有重视，未对设置缆风绳、型钢桁架等模板固定措施的有效性进行论证，未根据施工现状调整完善相关安全技术措施。直至事故发生前，项目部还未明确缆风绳、型钢桁架的具体设置方式，也未开展前期准备工作。

c. 未按施工方案组织施工。现场施工无章可循，制订补充方案后和开工前，项目部均未按规定向生产部门、安全管理部门、各级施工队伍、作业班组人员进行分层级、全员安全技术交底，口头交底内容缺少对变更工序的解释说明，也无重点部位、节点细化操作规程，内容缺乏针对性和操作性。未按施工方案和设计图纸加工制作劲性骨架，随意削减构件材料，偷工减料。对沉井采用装配式预制钢筋节段安装新工艺，未按规定对劳务单位进行专门的安全生产教育培训。

d. 对施工安全风险重视不够。项目部对于高7m的片状钢筋网及多块钢模组拼而成的钢大模板(含外作业平台)整体抗倾覆稳定性重视不足。沉井第九节与前八节相比，井壁高7m且内部区域无"井"字形隔墙，施工风险骤增，但第九节施工依然延续了之前的施工做法，未按规定对重大风险进行辨识评估和动态管控。单侧7m高大模板体系的各块小模板竖向小龙骨不连续，双槽钢围檩端面间未用螺栓连接，导致板块上下和左右边缘螺栓连接处面外刚度较弱等问题，没有采取相应的安全措施。

e. 施工方案编制存在严重疏漏。项目部对危大工程专项施工方案变更"内控"标准不高，未按规定组织专家论证，未重新履行报中交二公局审查流程。编制补充方案缺乏操作性，没有配套制定安装模板缆风绳、型钢桁架等关键工序工艺流程、作业次序规定，以及内模底部型钢固定、多块模板拼接的水平和垂直拼缝加强等关键部位的构造施工详图。

f. 项目部管理体系混乱。项目部未履行投标承诺，未按规定和投标文件配备项目管理人员，未经建设单位批准更换项目总工、安全总监、工程技术部负责人等关键岗位人员，任命不满足招标要求资质的人员实际负责项目施工组织，默许中标管理人员不到岗履责。

②华×公司(该项目劳务公司)

安全生产意识淡薄,未按照专项施工方案和安全操作规程施工,在没有设置缆风绳和型钢桁架的情况下,提前拆除起支撑作用的劲性骨架,导致钢筋模板稳固体系失效。未按规定开展班组安全教育,对作业人员违反作业工序,长时间违章行为不予制止。安排无特种作业资质的人员进行切割、电焊作业。

③××监理公司(该项目监理单位)

a.现场监理工作严重失职。总监办未针对危大工程施工变化,有针对性地加强现场监理工作,对施工单位落实施工方案安全保证措施情况监督检查不力。未按规定开展日常巡视,从沉井第七节接高施工开始,无视现场施工方式与原方案不一致,巡视检查走过场。对劳务单位在未落实安全保证措施情况下提前拆除劲性骨架的违章行为未采取措施制止。对施工单位安全技术交底不清、项目经理长期不在岗、擅自更换项目关键岗位人员、特种作业人员无证上岗等问题监理不到位。

b.专项施工方案审查不严。在审查危大工程补充专项施工方案中,忽视工艺变更带来的重大安全风险,未评估补充方案的可行性和安全性,对补充方案未经专家论证、安全保证措施缺乏操作性等问题未尽审查义务。

c.安全监理责任制落实不到位。未按规定配备现场监理人员,2名现场监理工程师均未取得交通运输部门颁发的资质证书。对现场监理机构监督管理不力,未发现和纠正总监办未按规定组织监理技术交底,以及监理细则照搬照抄施工方案、不细化等问题,致使监理人员对施工工艺变更等风险点失察失管,重大隐患未能得到有效治理。

④××交建局(该项目建设单位)

现场安全生产管理不到位,对施工单位落实企业主体责任和监理单位履行监理责任的情况督查不力。对危大工程安全风险重视不够,未及时发现并督促项目部对补充方案进行论证,对危大工程专项施工方案落实情况巡查检查不到位。

⑤××交通综合执法局(该项目监督单位)

未全面落实安全生产三年专项整治强化监管执法的要求,未根据本行业领域安全生产实际对风险较大的工程节点和重点环节,有针对性地加大监管执法力度。未严格按规定将重大安全风险监督抽查纳入安全生产监督检查计划,对相关安全生产违法违规行为未采取惩处措施。

4)事故责任认定及处理意见

(1)建议移送司法机关依法追究刑事责任人员

林××,项目部常务副经理,对项目施工和现场管理不力,对施工方案变化的安全风险重视不够、研判不足,对沉井第九节接高施工工序管理失控。未按规定组织安全教育和技术交底,对作业人员违反工序割除劲性骨架未落实监管责任,对事故发生负有管理责任。因涉嫌重大责任事故罪,已被公安机关采取刑事强制措施。建议由司法机关依法追究刑事责任。

陈××,华×公司施工段现场负责人,未落实专项施工方案、安全教育和技术交底要求,违反施工次序,违规安排工人提前割除劲性骨架,对事故发生负有直接责任。因涉嫌重大责任事故罪,已被公安机关采取刑事强制措施。建议由司法机关依法追究刑事责任。

梁××,项目部总工程师,对沉井第九节接高施工安全风险认知不足,辨识不清,组织编制的施工方案安全保证措施缺乏操作性,变更施工方案未经专家论证,且未报本企业审查,削减劲性骨架材料未经有效验算。未按规定组织开展对钢筋模板安装、劲性骨架拆除等关键工序、环节的技术交底,对施工方案在现场实施过程中的技术督导不到位,对事故发生负有管理责任。建议由司法机关依法追究刑事责任。

杨××,××监理公司副总监理工程师,分管南锚碇工程质量监理工作,未按规定履行专项施工方案审核手续,对补充方案未经专家论证、安全保证措施缺乏操作性等问题未尽审查职责。未按监理规范、监理职责进行监理,未按规定组织监理人员技术交底,未指导督促监理人员执行修改后的监理细则,对现场巡视不力的问题失察失管,对事故发生负有责任。建议由司法机关依法追究刑事责任。

(2)建议给予行政处罚的单位和人员

×公局××公司,安全生产主体责任不落实,对沉井第九节接高施工安全风险管控措施落实不力,放任劳务队伍违章作业,对大面积提前拆除劲性骨架的违规行为监管缺位。编制专项施工方案内容不完善,变更施工方案程序不完备,组织安全技术交底不细致,对方案实施的技术督导不到位。对事故发生负有重要责任。建议由应急管理部门依据《中华人民共和国安全生产法》第一百零九条规定给予行政处罚。

××监理公司,现场巡检不力,未按要求对施工方案安全保证措施落实情况进行监督检查,对施工单位违规行为和安全隐患没有及时监督整改。未严格审查施工方案变更,未督促项目部开展专家论证和安全风险评估。未针对工艺变化调整加强现场监理工作,未按规定组织监理技术交底。对事故发生负有重要责任。建议由应急管理部门依据《中华人民共和国安全生产法》第一百零九条规定给予行政处罚。

华×公司,安全生产责任制落实不到位,未按照专项施工方案施工,未按规定开展安全生产教育培训,对班组人员严重违章行为未采取安全管理措施加以制止,对事故发生负有责任。建议由交通运输部门对其安全生产教育培训、特种作业人员持证上岗方面的违法行为给予行政处罚。

马××,×公局×公司董事长,未依法履行安全生产管理职责,督促、检查本单位安全生产工作不力,对事故发生负有领导责任。建议由中交×公局按照干部管理权限处理,由应急管理部门依据《中华人民共和国安全生产法》第九十五条规定给予行政处罚。

田××,×公局×公司总经理,未依法履行安全生产管理职责,督促、检查本单位安全生产工作不力,对事故发生负有领导责任。建议由中交×公局按照干部管理权限处理,由应急管理部门依据《中华人民共和国安全生产法》第九十五条规定给予行政处罚。

(3) 对其他有关责任单位和人员的处理建议

×公局：未履行中标单位职责，将南锚碇工程指定由下属公司×公局×公司施工，对×公局×公司及项目部施工管理混乱、严重违规作业等问题失察失管，建议由中国交建集团对其进行问责惩戒。

××交建局：对施工、监理单位落实安全生产职责检查不够到位，未有效督促项目部针对方案变更开展专家论证和安全风险评估、严格落实各项安全保证措施；未认真督促总监办针对方案变更加强现场监理工作，对事故发生负有管理责任。建议由交通行业主管部门对其进行约谈，由其对大桥建设指挥部相关责任人员进行问责惩戒。

××交通综合执法局：对项目施工安全生产监管执法不够到位，未有效落实对危大工程重大风险管控情况的监督检查，对事故发生负有监管责任。建议由交通行业主管部门对其进行约谈，由其对交通工程质量执法监督局相关责任人员进行问责惩戒。

责任是一种职责和任务。在社会的舞台上，每种角色往往都意味着一种责任，没有无义务的权利，也没有无权利的义务。从实践层面看，责任是一个系统，包含五个方面的基本内涵：责任意识是"想干事"；责任能力是"能干事"；责任行为是"真干事"；责任制度是"可干事"；责任成果是"干成事"。多年的工程实践证明：做好安全管理工作的关键是建立"层层负责、人人有责、各负其责"的责任体系，紧紧抓住责任链条，即分解责任、明确责任、落实责任、追究责任。

■■■■■ 十一、谈展望

从大多数工业化国家发展模式来看,安全生产监管工作大致可分为四个主要历史阶段。第一个阶段是事故处理阶段,也称企业安全管理的自然本能期。这一时期企业的安全管理只是一种被动的反应,屈从于生产率的导向和只注意死亡,尤其是重大灾难性事故,没有严格的法规,属原始安全管理阶段。第二个阶段是隐患排查阶段,也称法制监督期。其特征是:国家颁布和实施了严格的法规,经营者由于惧怕法治惩戒而层层设立责任目标,从事故致因开展隐患排查,企业的安全管理主要依赖于政府强制执法监督。第三个阶段是风险控制阶段,随着国家法治环境完善和企业管理能力提高,大多数企业已充分认识到安全对企业长远发展的作用和应负的社会责任,在提高安全实效方面提倡预防为主,依靠建立现代管理制度体系,自我约束,进入到自我管理时期。第四个阶段是系统管理阶段,把保障所有劳动者安全健康作为企业最高价值观,以本质安全为理念,提高人的意识、知识和技能等方面的素质,采用自组织、自适应、自动控制与闭锁等安全技术,改善和加强工作环境的管理,用安全文化引领安全生产管理。

目前我国企业的安全管理总体水平尚处在第三个历史阶段,部分先进行业和少数优秀企业跨入了第四个历史阶段,总体上正在向系统管理阶段迈进。2002 年 11 月 1 日起实施《中华人民共和国安全生产法》,标志着我国安全生产法治化建设进入了一个新的阶段,安全生产状态明显好转,事故总量大幅下降、重特大事故明显减少。2009 年 8 月,第十一届全国人民代表大会常务委员会第十次会议对《中华人民共和国安全生产法》第一次修订。2014 年 8 月,第十二届全国人民代表大会常务委员会第十次会议审议通过了《关于修改〈中华人民共和国安全生产法〉的决定》第二次修订。2021 年 6 月,第十三届全国人民代表大会常务委员会第二十九次会议对《中华人民共和国安全生产法》第三次修订。新《中华人民共和国安全生产法》的发布实施,进一步树牢安全发展理念,坚守"发展决不能以牺牲人的生命为代价"这条"红线",坚持人民至上、生命至上。进一步强调建立健全管行业必须管安全、管业务必须管安全、管生产经营必须管安全的安全生产责任体系,强化落实生产经营单位主体责任。进一步明确安全监管职责和加强基层执法力量,强化安全责任追究,预防和减少生产安全事故,保障人民群众生命和财产安全,促进经济社会持续健康发展,我国的安全生产全面跨入了一个新的时期。

1. 目前我国安全生产管理面临的形势

坚持人民至上、生命至上,统筹好发展和安全两件大事,着力构建新发展格局,实现更高质量、更有效率、更加公平、更可持续、更为安全的发展,是新时期安全生产工作的总要求。我们一方面要看到全国安全生产水平稳步提高,实现了事故总量、较大事故、重特大事故持续下降。另一方面,我们也要清醒地认识到,我国各类事故隐患和安全风险交织叠加、易发多发,安全生产正处于爬坡过坎、攻坚克难的关键时期。

一是安全生产整体水平还不够高,安全发展基础依然薄弱。近年来,在国家层面和地方层面都在不断加强安全生产法规体系建设,出台了一系列相关法律法规和政策文件,为安全生产管理提供了有力的法律保障。

社会各界积极参与安全生产管理,形成政府、企业、社会共同治理的局面正在形成。综合运用法律、经济、行政、科技等多种手段,加强安全生产监管和治理不断深入。但是一些地方和企业安全发展理念树得不牢,安全生产法规标准执行不够严格的问题依然存在。

二是安全生产风险结构发生变化,新矛盾新问题相继涌现。工业化、城镇化持续发展,各类生产要素流动加快、安全风险更加集聚,加之极端天气频发,事故的隐蔽性、突发性和耦合性明显增加,传统高危行业领域存量风险尚未得到有效化解,新工艺、新材料、新业态带来的增量风险呈现增多态势。一些企业片面追求经济效益,扩大生产、压缩工期的冲动强烈,容易出现忽视安全、盲目超产、违章操作、冒险作业等情况,给安全生产带来隐患。

三是安全生产治理能力还有短板,距离现实需要尚有差距。当前企业安全文化建设浮在表面,员工的安全意识和行为习惯有待培养;安全生产法规制度还不完善,执法力度也有待加强;采用信息化、智能化等手段提高安全管理水平还处于探索阶段;安全生产管理人才队伍建设滞后,发现问题、解决问题的能力不足;重大安全风险辨识及监测预警、重大事故应急处置和抢险救援等方面的短板突出。

2. 提高安全生产管理水平的主要路径

1) 做好顶层设计,完善科学的法律体系和管理机制

我国正处于工业化、城镇化快速发展进程中,处于生产安全事故易发多发的高峰期。新《中华人民共和国安全生产法》基于对我国现阶段国情的认识,继续坚持安全第一、预防为主、综合治理的安全生产工作"十二字方针",实际就是在顶层明确了安全生产的重要地位、主体任务和实现安全生产的根本途径。"安全第一"要求从事生产经营活动必须把安全放在首位,不能以牺牲人的生命、健康为代价换取发展和效益。"预防为主"要求把安全生产工作的重心放在预防上,强化隐患排查治理,打非

治违,从源头上控制、预防和减少生产安全事故。"综合治理"要求运用行政、经济、法治、科技等多种手段,充分发挥社会、职工、舆论监督各个方面的作用,抓好安全生产工作。

坚持"十二字方针",建立生产经营单位负责、职工参与、政府监管、行业自律、社会监督的机制,进一步明确各方安全生产职责。做好安全生产工作,落实生产经营单位主体责任是根本,职工参与是基础,政府监管是关键,行业自律是发展方向,社会监督是实现预防和减少生产安全事故目标的保障。

按照"管业务必须管安全、管行业必须管安全、管生产经营必须管安全"(三个必须)的要求,国务院和县级以上地方人民政府安全生产监督管理部门实施综合监督管理,有关部门在各自职责范围内对有关行业、领域的安全生产工作实施监督管理,并将其统称为"负有安全生产监督管理职责的部门"。各级安全生产监督管理部门和其他负有安全生产监督管理职责的部门作为执法部门,依法开展安全生产行政执法工作,对生产经营单位执行法律、法规、国家标准或者行业标准的情况进行监督检查。

强化生产经营单位的安全生产主体责任。做好安全生产工作,落实生产经营单位主体责任是根本。新《中华人民共和国安全生产法》把明确安全责任、发挥生产经营单位安全生产管理机构和安全生产管理人员作用作为一项重要内容,作出五个方面的重要规定:一是生产经营单位新建、改建、扩建工程项目的安全设施,必须与主体工程同时设计、同时施工、同时投入生产和使用。二是生产经营单位的全员安全生产责任制应当明确各岗位的责任人员、责任范围和考核标准等内容。同时规定生产经营单位应当建立相应的机制,加强对全员安全生产责任制落实情况的监督考核。三是规定生产经营单位的安全生产管理机构以及安全生产管理人员配置要求与履行的职责。四是规定矿山、金属冶炼建设项目和用于生产、储存、装卸危险物品的建设项目竣工投入生产或者使用前,应当由建设单位负责组织对安全设施进行验收。五是生产经营单位应当建立安全风险分级管控制度,按照安全风险分级采取相应的管控措施。同时应当建立健全并落实生产安全事故隐患排查治理制度。

2)坚持依法行政,积极推进安全生产管理制度化规范化

(1)建立健全安全隐患排查机制。隐患是滋生事故的土壤和温床,安全生产事故隐患排查治理工作是新《中华人民共和国安全生产法》所规定的重要内容之一,也是安全生产标准化建设的重要基础。完善健全安全隐患排查治理体系,把隐患排查治理和安全生产工作逐步纳入了科学化、制度化、规范化的轨道。企业是安全生产的责任主体,理所当然也是隐患排查治理的主体。要充分调动企业积极性,促使企业由被动接受监管变为主动排查治理隐患,主动加强安全生产。要坚持安全生产工作理念、监管机制、监管手段和方法的创新与发展,健全完善"专家查隐患,企业抓整改,执法促实效"的工作机制,充分发挥安全生产专家的作用,可以采取购买服务等方式,聘请专家参与各类安全生产检查、督查等技术性支持工作,从技术上、管理上发现问题、提出建议。对专家提出的问题和意见,有关单位或部门应认真研究,按照安全管理职责,依法行政,检查或督促企业整改落实。要落实执法责任制,实行"闭环执法检查",彻底消除执法检查中发现的事故隐患,按照"检查必留痕,留痕必结案,结案必建档"的工作流程和要求,做到"谁检查、谁签字、谁负责"。

(2)建立事故预防和应急救援制度。加强事前预防和事故应急救援是安全生产管理的一项重要内容:一是生产经营单位必须建立生产安全事故隐患排查治理制度,采取技术、管理措施,及时发现并消除事故隐患,并向从业人员通报隐患排查治理情况的制度。二是政府有关部门要建立健全重大事故隐患治理督办制度,督促生产经营单位消除重大事故隐患。三是对未建立隐患排查治理制度、未采取有效措施消除事故隐患的行为,设定了严格的行政处罚。四是赋予负有安全监督管理职责的部门对拒不执行执法决定、有发生生产安全事故现实危险的生产经营单位依法采取停电、停供民用爆炸物品等措施,强制生产经营单位履行决定。五是生产经营单位应当依法制订应急预案并定期演练。

（3）建立严重违法行为公告和通报制度。要求负有安全生产监督管理职责的部门建立安全生产违法行为信息库，如实记录生产经营单位的违法行为信息；对违法行为情节严重的生产经营单位，应当向社会公告，并通报行业主管部门、投资主管部门、国土资源主管部门、证券监督管理部门和有关金融机构。

3）提高管理效率，加快新理念、新技术、新工艺、新设备在生产实际中的应用

（1）推进安全生产责任保险制度。国家鼓励生产经营单位投保安全生产责任保险，安全生产责任保险具有其他保险所不具备的特殊功能和优势。一是增加事故救援费用和第三人（事故单位从业人员以外的事故受害人）赔付的资金来源，有助于减轻政府负担，维护社会稳定。有的地区还提供了一部分资金作为对事故死亡人员家属的补偿。二是有利于现行安全生产经济政策的完善和发展。

（2）开展工程风险管理。引进保险公司参与企业安全管理，按照"政府政策引导，保险公司参与，中介现场服务"的思路，改变以往工程项目购买保险，仅仅是指风险转移或损失补偿，是发生事故后的经济补偿，是赔和不赔、赔多和赔少的简单关系。将施工现场安全生产管理转变为工程风险管理，将施工方自查自纠转变为中介方查、施工方改，保险方把理赔与整改措施挂钩，有效促进企业加强安全生产工作。

（3）创新安全生产管理模式。科学应用现代信息技术，充分研究看似杂乱无章的安全事故数据，深挖安全生产事故和安全管理的规律，逐步向信息扩展、高度集成、自动控制、预测预报、智能决策的方向发展，推动安全管理工作跨上一个新台阶。现阶段，要积极开发功能完善的信息系统，建立隐患自查自报工作的基础平台，围绕安全监管部门和生产经营单位隐患排查治理的需求进行建设，以起到联通政府部门和生产经营单位的"桥梁"作用。通过信息系统的建立，能进一步明确安全生产监管单位

(部门)与生产经营企业的职责和工作流程。利用信息平台的连接、开放、协作和共享的优势,随时掌控企业隐患排查治理等基本情况,对相关信息进行实时统计,及时作出分析判断和督促指导,有效防止隐患恶化和事故发生。开展智能化作业和危险岗位的机器人替代,实施安全风险综合防范工程,有序推进智能化试点,在关键风险位置实施机器人替代。推动第五代移动通信(5G)、物联网、大数据、人工智能等技术与安全生产风险防控的深度融合,实施智能化工厂、数字化车间、网络化平台项目试点。随着无人机、机器人等智能化装备在安全风险防范或救援行动中的应用,安全管理部门需要对先进装备进行采购、维护和操作培训,普及智能化装备和技术,确保在危险作业或应急关键时刻能够发挥作用。

(4)督促生产经营企业淘汰落后工艺和设备。按照国务院安全生产监督管理部门会同国务院有关部门制定并公布的目录文件,或者是省、自治区、直辖市人民政府根据本地区实际情况制定并公布的具体目录,对严重危及生产安全的工艺、设备实行强制性淘汰。要求生产经营单位不得使用应当淘汰的危及生产安全的工艺、设备,大力使用具有自报、自控和自锁等功能的本质安全型设备,通过工艺、设备的安全来保证生产的安全。

4)聚焦本质安全,全面夯实安全生产的基层基础

安全生产的重点在基层,责任在基层,压力在基层。加强基层基础工作,是加强安全生产源头管理的关键。俗话说基础不牢、地动山摇,基层基础建设直接影响安全生产政策法规的落实,直接关系到安全生产的实际效果。

(1)健全安全管理机构。在完善安全管理机构的基础上,配齐配强安全管理人员。积极鼓励具有执业资格的注册安全工程师、安全评价师、安全生产专家为施工安全提供安全生产管理服务。

(2)建设平安班组。班组是企业的细胞,是企业生产活动的主角,是企业完成安全生产各项目标的主要承担者和直接实现者,所以企业安管理的各项工作必须紧紧围绕生产一线——班组开展才有效。班组平安，则企业平安；班组不安，则企业难安。要结合企业自身的实际情况，狠抓班组安全建设。例如，开展创建安全先进、标兵班组竞赛活动，以及通过对人员操作事故、设备管理事故、人员操作与设备管理交叉事故案例的分析，加深理解具体的安全管理方法和经验，熟练掌握预防事故的具体措施，保证安全生产。

（3）完善安全管理制度。结合各企业或各施工项目特点，完善安全生产规章制度，建立安全生产会议、安全检查、领导带班作业、隐患排查治理、重大危险源监控、安全生产奖惩、教育培训、安全投入及安全费用提取、应急救援、安全设施"三同时"、职业安全健康管理、安全管理人员职责、特种作业人员持证上岗等安全管理基本制度。同时建立安全会议、安全组织、安全投入、安全教育培训、安全检查、生产安全事故、安全工作考核与奖惩、安全防护用品、事故预案、重大危险源、安技装备、特殊工种人员等安全管理基础台账。

（4）建立安全生产投入保障体系。严格执行安全生产经济政策，加强企业安全费用提取、使用情况的监督检查和监察执法，按照"企业提取、政府监管、确保需要、规范管理"的要求，严格财务管理。

（5）加强安全生产基础设施建设。加大安全生产基础设施建设力度，推广应用安全科技成果，将安全生产管理与施工质量管理有机结合，切实改善高大支模、深水围堰、临水高空作业的安全基础保障条件，提升本质安全保障水平。

（6）实施奖惩激励机制。全面落实企业安全生产主体责任，通过自查自评、分类整改、考核验收等措施，建立实施奖惩激励机制。将企业领导、班组负责人、一线员工的经济利益与规章制度执行、安全生产绩效挂钩，以进一步增强从业人员的安全生产自觉性。

5）注重实践总结，全面推广安全生产标准化

标准是对重复性事物和概念所做的统一规定，它以科学、技术和实践经验的综合为基础,经过有关方面协商一致,由主管机构批准,以特定的形式发布,作为共同遵守的准则和依据。

我们提出安全生产标准化,是在我国传统的安全质量标准化基础上,根据安全生产工作的要求、企业生产工艺特点,借鉴国外现代先进安全管理思想,以科学、技术和实践经验的综合成果为基础形成的一套系统的、规范的、科学的安全管理体系。近年来,矿山、危险化学品、工程建设等行业企业安全生产标准化取得了显著成效,安全管理标准化工作正在全面推进,企业本质安全生产水平明显提高。结合多年的实践经验推进安全生产标准化工作,必将强化安全生产基础建设,促进企业安全生产水平持续提升。

(1)企业安全生产标准化建设。通过对生产企业安全目标、管理机构和人员、安全责任体系、管理制度、安全投入、装备设施、安全技术管理、队伍建设、作业管理、危险源辨识和风险控制、隐患排查和治理、职业健康、安全文化、应急救援、事故报告和调查处理、绩效考核和持续改进等安全标准化考核评价和分级,提高企业对达标创建工作的自觉性和积极性。对在规定期限内未实现达标的企业,要依据有关规定暂扣其生产许可证、安全生产许可证,责令停产整顿;对整改逾期仍未达标的,要依法予以关闭。将评价结果向银行、证券、保险、担保等主管部门通报,作为企业信用评级的重要参考依据。

(2)强化安全生产现场标准化管理。深入开展安全设施标准化、现场环境管理标准化、生产工艺管理标准化、要害部位管理标准化、安全标志标准化、安全操作标准化等系列活动,实行科学化、规范化、程序化的现场安全管理,及时消除设备、操作、管理等各个环节存在的安全隐患;加强特种设备规范管理,确保安全运行;加强劳动防护用品的使用管理,维护从业人员身体健康和生命安全;积极组织实施风险识别、安全检查、隐患整治、事故抢险工作,促进全体员工主动参与安全预知和预防行动。

6）突出防控重点，深入推进风险评估

风险评估是现代安全管理模式，体现了以人为本、预防为主的理念，作为行之有效的风险预防措施，已被各行各业广泛采用。我国住房和城乡建设、交通建设等行业高度重视桥梁、隧道工程安全风险评估工作，不断规范和加强对危险性较大的分部分项工程安全管理，积极防范和遏制建筑施工安全事故的发生。从工程建设的全过程出发，不断推出建设工程风险评估和预控的规程、方法与措施（附录2、附录3）。明确规定：建设单位在申请领取施工许可证或办理安全监督手续时，应当提供危险性较大的分部分项工程清单和安全管理措施；施工单位、监理单位应当建立危险性较大的分部分项工程安全管理制度。施工单位应当在危险性较大的分部分项工程施工前编制专项方案，对于超过一定规模的危险性较大的分部分项工程，施工单位应当组织专家对专项方案进行论证。总的来看，我国安全生产评估工作起步较晚，无论是安全评估方法，还是安全评估的基础数据，与一些工业化国家还有很大的差距。我国的安全生产评估还停留在对生产过程的危险、有害因素的识别和分析，查找生产过程的事故隐患，按照安全生产法律、法规和标准提出安全对策措施的阶段。

深入推进建设工程施工安全风险评估，要在体系完善、方法科学、手段简单、重点突出等方面做出努力。现在开展的风险评估，在工作内容上与施工中的实际工作内容相比，包括的工种和工序范围还是相当窄的。风险性较大的与一般的工程评估方法不一样，定性评估与定量评估要相结合，总之评估的方法不能一概而论、不搞一刀切。手段简单与方法科学往往矛盾，但是就是要面对这样的矛盾，解决这个矛盾，不能简单地把科学的方法理解成抽象的模型和繁杂的计算，要考虑到现阶段评估人员的素质和能力，要在评估方法上力求简单，要利用现在发达的计算机工具、发挥丰富的软件系统作用，减少工作量，提高工作效率。重点突出，就是不要眉毛胡子一把抓。安全隐患存在于施工生产的全过程，由于采用的工艺工序的不同，所产生的风险隐患也不尽相同。我们要运用辩证思维，

抓住重点和主流,研究主要矛盾和矛盾的主要方面,只有这样才能提高评估效率和富有实效。

7)加强人本理念,促进安全文化建设

安全文化是安全生产实践发展到一定阶段而产生的一种精神产品,是一种更高层次的安全管理。1986 年国际原子能机构(IAEA)首次提出"安全文化",随后安全文化的概念作为一种安全管理理念被广泛应用。安全文化就是企业的安全意识、安全目标、安全责任、安全素养、安全习惯、安全科技、安全设施、安全监管和各种安全规章制度的总和,以视觉识别系统、行为规范规程和企业安全形象为表现形式,在企业的安全管理中发挥着重要的导向、激励、凝聚和规范作用。

一是用安全文化引导人,改善安全心智,筑牢思想防线。通过各种宣传形式全面普及以"细节决定安全""生命至上、安全第一""安全是员工的最大幸福"等为内容的安全理念,比如:"父母的安全忠告、妻子的安全企盼、孩子们的安全愿望"等更多富有人情味的安全寄语,这些表达了家人对亲人的关爱和大家对安全的美好祝愿。通过有形的、有情的各种活动,把安全文化印在员工的脑海里,转化为员工的自觉行动。

二是用安全文化教育人,提高安全素质,筑牢技能防线。树立"安全是相对的、安全是可控的"意识。从技术管理角度,实施素质"强基"工程。抓好生产经营单位的"三类人员"培训,施工现场抓好特种设备操作人员的管理,增强安全教育的针对性和实效性。每年确立安全文化建设的主题、明确教育重点和措施,有计划、有步骤地一步步抓好落实,使安全文化建设整体有规划,年年有主题,步步深入、强势推进。

三是用安全文化规范人,实施过程监督,筑牢行为防线。以管好过程、控制好工序为出发点,着眼顶层设计,针对安全生产中难点、重点和弱点问题,不断总结经验教训,抓管理闭合、推行流程化管理,将好做法形成标准规程,使标准规定逐步成为人的习惯。从人的不安全行为预控、物的不安全状态预防做起,超前防范,形成"事事有人管、人人都管事"的安全生产新

机制和"人人都是安全员,时时都有人抓安全,处处都有人抓问题整改"的良好局面。按照"管生产经营必须管安全"的原则,"一把手"负总责、分管领导具体抓,层层建立领导责任制、部门责任制和单位责任制,形成党政联合、部门联动、基层单位互动,全员共同参与、齐抓共建的安全管理机制。

8）创新管理研究,探索构建适应我国国情的安全生产理论体系

理论是实践的反映。我们现在进行的安全生产管理活动是与我国经济建设的实践紧密相连的,它一方面深刻地反映着我国经济发展的历史进程和实践要求,另一方面,又为我们探索构建适应我国国情的安全生产理论体系提供实践经验和理论支持。毋庸讳言,我国的安全生产管理理论还处于起步和发展中,基础理论薄弱。要么是照抄照搬西方管理理论,要么是安全管理法规与制度的解读,要么是具体工作经验和事故案例的总结。这在一定意义上讲,对我们提高安全生产水平起到了促进作用,也是需要的。马克思在《资本论》第1卷(人民出版社,2018年)指出,"对人类生活形式的思索,从而对这些形式的科学分析,总是采取同实际发展相反的道路。这种思索是从事后开始的,就是说,是从发展过程的完成的结果开始的。"要切实做好我国的安全生产管理,也必须沿着"实践—理论—实践"的道路前进。

要广泛学习、继承创新、兼容并蓄,探索和研究适应我国国情的安全生产理论体系。主要是:向国外学习,既要学习借鉴发达国家安全生产理论和经验,也要学习借鉴发展中国家安全生产的做法;向其他学科学习,安全生产管理工作本身就是跨学科、跨行业的,它涉及生理学、心理学、社会学、管理学、法学以及其他工程技术学科,要注意并运用相关学科的研究成果;向实践和群众学习,要学习指导和推动安全生产发展的党和政府的方针政策,学习广大群众在安全生产中创造的经验。

要用哲学的思维,研究和发展适应我国国情的安全生产理论体系。哲学思维应是一种从现实出发又要超越当前现实、追求理想的思维。哲学思维是辩证思维,应该把有限思维和无限思维、现实约束和创新理念、

自由和必然统一起来。虽然安全事故是个性的,每一起事故都是以一定的时空结构为前提。但是,唯物辩证法告诉我们,共性是以个性为基础,普遍性寓于特殊性之中。特别是当今我们处于互联网的时代,观察、统计与分析的手段不断变得先进,过去我们没有想到或者是想到做不到的事情,现在都能很容易实现,完全有可能通过对个体事故的研究,逐步开展安全生产对策研究,这些研究都将推动我们对安全生产管理规律的认识,最后实现构建适应我国国情的安全生产理论体系。

安全生产管理始于工作职责,深化于把握规律。随着新一代信息技术、先进制造技术、新材料技术等融合应用,生产要素正在创新配置、产业深度正在转型升级,劳动者、劳动资料、劳动对象及其组合正在不断优化与跃升,安全生产管理进入了一个新时代。时代的发展孕育着新技术,新技术的应用助推了时代的发展。一方面不断推进传统安全管理手段提升,一方面创新发展安全管理新理念、新方法,努力构建先进、完整、绿色和高效的施工安全风险管理技术体系,为保障人民群众生命财产安全提供坚实支撑。

附录1 生产过程危险有害因素的分类与代码表

代码	名　　称	说　　明
1	人的因素	
11	心理、生理性危险和有害因素	
1101	负荷超限	
110101	体力负荷超限	包括劳动强度、劳动时间延长引起疲劳、劳损、伤害等的负荷超限
110102	听力负荷超限	
110103	视力负荷超限	
110199	其他负荷超限	
1102	健康状况异常	伤、病期等
1103	从事禁忌作业	
1104	心理异常	
110401	情绪异常	
110402	冒险心理	
110403	过度紧张	
110499	其他心理异常	包括泄愤心理
1105	辨识功能缺陷	
110501	感知延迟	
110502	辨识错误	

代码	名　　称	说　　明
110599	其他辨识功能缺陷	
1199	其他心理、生理性危险和有害因素	
12	行为性危险和有害因素	
1201	指挥错误	
120101	指挥失误	包括生产过程中的各级管理人员的指挥
120102	违章指挥	
120199	其他指挥错误	
1202	操作错误	
120201	误操作	
120202	违章作业	
120299	其他操作错误	
1203	监护失误	
1299	其他行为性危险和有害因素	包括脱岗等违反劳动纪律行为
2	物的因素	
21	物理性危险和有害因素	
2101	设备、设施、工具、附件缺陷	
210101	强度不够	
210102	刚度不够	
210103	稳定性差	抗倾覆、抗位移、抗剪能力不够,包括重心过高、底座不稳定、支承不正确、坝体不稳定等
210104	密封不良	密封件、密封介质、设备辅件、加工精度、装配工艺等缺陷以及磨损、变形、气蚀等造成的密封不良
210105	耐腐蚀性差	
210106	应力集中	
210107	外形缺陷	设备、设施表面的尖角利棱和不应有的凹凸部分等
210108	外露运动件	人员易触及的运动件
210109	操纵器缺陷	结构、尺寸、形状、位置、操纵力不合理及操纵器失灵、损坏等
210110	制动器缺陷	

续上表

代码	名　称	说　明
210111	控制器缺陷	
210112	设计缺陷	
210113	传感器缺陷	精度不够,灵敏度过高或过低
210199	设备、设施、工具、附件其他缺陷	
2102	防护缺陷	
210201	无防护	
210202	防护装置、设施缺陷	防护装置、防护设施本身安全性和可靠性差,包括防护装置、防护设施和防护用品损坏、失效、失灵等
210203	防护不当	防护装置、防护设施和防护用品不符合要求、使用不当。不包括防护距离不够
210204	支撑(支护)不当	包括矿井、隧道、建筑施工支护不符合要求
210205	防护距离不够	设备布置、机械、电气、防火、防爆等安全距离不够和卫生防护距离不够等
210299	其他防护缺陷	
2103	电危害	
210301	带电部位裸露	人员易触及的裸露带电部位
210302	漏电	
210303	静电和杂散电流	
210304	电火花	
210305	电弧	
210306	短路	
210399	其他电危害	
2104	噪声	
210401	机械性噪声	
210402	电磁性噪声	
210403	流体动力性噪声	
210499	其他噪声	
2105	振动危害	
210501	机械性振动	
210502	电磁性振动	

续上表

代码	名　称	说　明
210503	流体动力性振动	
210599	其他振动危害	
2106	电离辐射	包括 X 射线、γ 射线、α 粒子、β 粒子、中子、质子、高能电子束等
2107	非电离辐射	
210701	紫外辐射	
210702	激光辐射	
210703	微波辐射	
210704	超高频辐射	
210705	高频电磁场	
210706	工频电场	
210799	其他非电离辐射	
2108	运动物危害	
210801	抛射物	
210802	飞溅物	
210803	坠落物	
210804	反弹物	
210805	土、岩滑动	包括排土场滑坡、尾矿库滑坡、露天采场滑坡
210806	料堆(垛)滑动	
210807	气流卷动	
210808	撞击	
210899	其他运动物危害	
2109	明火	
2110	高温物质	
211001	高温气体	
211002	高温液体	
211003	高温固体	
211099	其他高温物质	
2111	低温物质	
211101	低温气体	
211102	低温液体	

续上表

代码	名　　称	说　　明
211103	低温固体	
211199	其他低温物质	
2112	信号缺陷	
211201	无信号设施	应设信号设施处无信号,例如无紧急撤离信号等
211202	信号选用不当	
211203	信号位置不当	
211204	信号不清	信号量不足,例如响度、亮度、对比度、信号维持时间不够等
211205	信号显示不准	包括信号显示错误、显示滞后或超前等
211299	其他信号缺陷	
2113	标志标识缺陷	
211301	无标志标识	
211302	标志标识不清晰	
211303	标志标识不规范	
211304	标志标识选用不当	
211305	标志标识位置缺陷	
211306	标志标识设置顺序不规范	例如多个标志牌在一起设置时,应按警告、禁止、指令、提示类型的顺序
211399	其他标志标识缺陷	
2114	有害光照	包括直射光、反射光、眩光、频闪效应等
2115	信息系统缺陷	
211501	数据传输缺陷	例如是否加密
211502	自供电装置电池寿命过短	例如标准工作时间过短,经常出现监测设备断电
211503	防爆等级缺陷	例如 Exib 等级较低,不适合在涉及"两重点一重大"环境安装
211504	等级保护缺陷	防护不当导致信息错误、丢失、盗用
211505	通信中断或延迟	光纤或 GPRS/NB-IOT 等传输方式不同导致延迟严重
211506	数据采集缺陷	导致监测数据变化过于频繁或遗漏关键数据

代码	名　称	说　明
211507	网络环境	保护过低,导致系统被破坏、数据丢失、被盗用等
2199	其他物理性危险和有害因素	
22	化学性危险和有害因素	见 GB 13690
2201	理化危险	
220101	爆炸物	见 GB 30000.2
220102	易燃气体	见 GB 30000.3
220103	易燃气溶胶	见 GB 30000.4
220104	氧化性气体	见 GB 30000.5
220105	加压气体	见 GB 30000.6
220106	易燃液体	见 GB 30000.7
220107	易燃固体	见 GB 30000.8
220108	自反应物质和混合物	见 GB 30000.9
220109	自燃液体	见 GB 30000.10
220110	自燃固体	见 GB 30000.11
220111	自热物质和混合物	见 GB 30000.12
220112	遇水放出易燃气体的物质和混合物	见 GB 30000.13
220113	氧化性液体	见 GB 30000.14
220114	氧化性固体	见 GB 30000.15
220115	有机过氧化物	见 GB 30000.16
220116	金属腐蚀物	见 GB 30000.17
2202	健康危险	
220201	急性毒性	见 GB 30000.18
220202	皮肤腐蚀/刺激	见 GB 30000.19
220203	严重眼损伤/眼刺激	见 GB 30000.20
220204	呼吸道或皮肤过敏	见 GB 30000.21
220205	生殖细胞致突变性	见 GB 30000.22
220206	致癌性	见 GB 30000.23
220207	生殖毒性	见 GB 30000.24
220208	特异性靶器官毒性　一次接触	见 GB 30000.25

续上表

代码	名 称	说 明
220209	特异性靶器官毒性　反复接触	见 GB 30000.26
220210	吸入危害	见 GB 30000.27
2299	其他化学性危险和有害因素	
23	生物性危险和有害因素	
2301	致病微生物	
230101	细菌	
230102	病毒	
230103	真菌	
230199	其他致病微生物	
2302	传染病媒介物	
2303	致害动物	
2304	致害植物	
2399	其他生物性危险和有害因素	
3	环境因素	包括室内、室外,地上、地下(如隧道、矿井),水上、水下等作业(施工)环境
31	室内作业场所环境不良	
3101	室内地面滑	室内地面、通道、楼梯被任何液体、熔融物质润湿,结冰或有其他易滑物等
3102	室内作业场所狭窄	
3103	室内作业场所杂乱	
3104	室内地面不平	
3105	室内梯架缺陷	包括楼梯、阶梯、电动梯和活动梯架,以及这些设施的扶手、扶栏和护栏、护网等
3106	地面、墙和天花板上的开口缺陷	包括电梯井、修车坑、门窗开口、检修孔、孔洞、排水沟等
3107	房屋基础下沉	
3108	室内安全通道缺陷	包括无安全通道,安全通道狭窄、不畅等
3109	房屋安全出口缺陷	包括无安全出口、设置不合理等
3110	采光照明不良	照度不足或过强、烟尘弥漫影响照明等
3111	作业场所空气不良	自然通风差、无强制通风、风量不足或气流过大、缺氧、有害气体超限等,包括受限空间作业

代码	名　称	说　明
3112	室内温度、湿度、气压不适	
3113	室内给、排水不良	
3114	室内涌水	
3199	其他室内作业场所环境不良	
32	室外作业地环境不良	
3201	恶劣气候与环境	包括风、极端的温度、雷电、大雾、冰雹、暴雨雪、洪水、浪涌、泥石流、地震、海啸等
3202	作业场地和交通设施湿滑	包括铺设好的地面区域、阶梯、通道、道路、小路等被任何液体、熔融物质润湿,冰雪覆盖或有其他易滑物等
3203	作业场地狭窄	
3204	作业场地杂乱	
3205	作业场地不平	包括不平坦的地面和路面,有铺设的、未铺设的、草地、小鹅卵石或碎石地面和路面
3206	交通环境不良	包括道路、水路、轨道、航空
320601	航道狭窄、有暗礁或险滩	
320602	其他道路、水路环境不良	
320699	道路急转陡坡、临水临崖	
3207	脚手架、阶梯和活动梯架缺陷	包括这些设施的扶手、扶栏和护栏、护网等
3208	地面及地面开口缺陷	包括升降梯井、修车坑、水沟、水渠、路面、排土场、尾矿库等
3209	建(构)筑物和其他结构缺陷	包括建筑中或拆毁中的墙壁、桥梁、建筑物;筒仓、固定式粮仓、固定的槽罐和容器;屋顶、塔楼;排土场、尾矿库等
3210	门和周界设施缺陷	包括大门、栅栏、畜栏、铁丝网、电子围栏等
3211	作业场地地基下沉	
3212	作业场地安全通道缺陷	包括无安全通道,安全通道狭窄、不畅等
3213	作业场地安全出口缺陷	包括无安全出口、安全出口设置不合理等
3214	作业场地光照不良	光照不足或过强、烟尘弥漫影响光照等
3215	作业场地空气不良	自然通风差或气流过大、作业场地缺氧、有害气体超限等,包括受限空间作业

续上表

代码	名　　称	说　　明
3216	作业场地温度、湿度、气压不适	
3217	作业场地涌水	
3218	排水系统故障	例如排土场、尾矿库、隧道等
3299	其他室外作业场地环境不良	
33	地下(含水下)作业环境不良	不包括以上室内室外作业环境已列出的有害因素
3301	隧道/矿井顶板或巷帮缺陷	例如矿井冒顶
3302	隧道/矿井作业面缺陷	例如矿井片帮
3303	隧道/矿井底板缺陷	
3304	地下作业面空气不良	包括无风、风速超过规定的最大值或小于规定的最小值、氧气浓度低于规定值、有害气体浓度超限等，包括受限空间作业
3305	地下火	
3306	冲击地压(岩爆)	井巷或工作面周围岩体，由于弹性变形能的瞬时释放而产生突然剧烈破坏的动力现象
3307	地下水	
3308	水下作业供氧不当	
3399	其他地下作业环境不良	
39	其他作业环境不良	
3901	强迫体位	生产设备、设施的设计或作业位置不符合人类工效学要求而易引起作业人员疲劳、劳损或事故的一种作业姿势
3902	综合性作业环境不良	显示有两种以上作业环境致害因素且不能分清主次的情况
3999	以上未包括的其他作业环境不良	
4	管理因素	机构和人员、制度及制度落实情况
41	职业安全卫生管理机构设置和人员配备不健全	
42	职业安全卫生责任制不完善或未落实	包括平台经济等新业态

代码	名　称	说　明
43	职业安全卫生管理制度不完善或未落实	
4301	建设项目"三同时"制度	
4302	安全风险分级管控	
4303	事故隐患排查治理	
4304	培训教育制度	
4305	操作规程	包括作业指导书
4306	职业卫生管理制度	
4399	其他职业安全卫生管理规章制度不健全	包括事故调查处理等制度不健全
44	职业安全卫生投入不足	
46	应急管理缺陷	
4601	应急资源调查不充分	
4602	应急能力、风险评估不全面	
4603	事故应急预案缺陷	包括预案不健全、可操作性不强、无针对性
4604	应急预案培训不到位	
4605	应急预案演练不规范	
4606	应急演练评估不到位	
4699	其他应急管理缺陷	
49	其他管理因素缺陷	

注:本表摘自《生产过程危险和有害因素分类与代码》(GB/T 13861—2022)。

附录 2　危险性较大的分部分项工程范围

一、基坑工程

(一)开挖深度超过 3m(含 3m)的基坑(槽)的土方开挖、支护、降水工程。

(二)开挖深度虽未超过 3m,但地质条件、周围环境和地下管线复杂,或影响毗邻建、构筑物安全的基坑(槽)的土方开挖、支护、降水工程。

二、模板工程及支撑体系

(一)各类工具式模板工程:包括滑模、爬模、飞模、隧道模等工程。

(二)混凝土模板支撑工程:搭设高度 5m 及以上,或搭设跨度 10m 及以上,或施工总荷载(荷载效应基本组合的设计值,以下简称设计值) $10kN/m^2$ 及以上,或集中线荷载(设计值)15kN/m 及以上,或高度大于支撑水平投影宽度且相对独立无联系构件的混凝土模板支撑工程。

(三)承重支撑体系:用于钢结构安装等满堂支撑体系。

三、起重吊装及起重机械安装拆卸工程

(一)采用非常规起重设备、方法,且单件起吊重量在 10kN 及以上的起重吊装工程。

(二)采用起重机械进行安装的工程。

(三)起重机械安装和拆卸工程。

四、脚手架工程

（一）搭设高度 24m 及以上的落地式钢管脚手架工程（包括采光井、电梯井脚手架）。

（二）附着式升降脚手架工程。

（三）悬挑式脚手架工程。

（四）高处作业吊篮。

（五）卸料平台、操作平台工程。

（六）异型脚手架工程。

五、拆除工程

可能影响行人、交通、电力设施、通信设施或其他建、构筑物安全的拆除工程。

六、暗挖工程

采用矿山法、盾构法、顶管法施工的隧道、洞室工程。

七、其他

（一）建筑幕墙安装工程。

（二）钢结构、网架和索膜结构安装工程。

（三）人工挖孔桩工程。

（四）水下作业工程。

（五）装配式建筑混凝土预制构件安装工程。

（六）采用新技术、新工艺、新设备、新材料可能影响工程施工安全，尚无国家、行业及地方技术标准的分部分项工程。

注1.本附录摘自中华人民共和国住房和城乡建设部办公厅关于实施《危险性较大的分部分项工程安全管理规定》有关问题的通知（建办质〔2018〕31号）。

注2.各行业对危险性较大的分部分项工程安全管理都有其具体规定或标准，实际工作中必须按照有关行业规定执行。

附录3 公路水运工程危险性较大 分部分项工程分类范围

1. 公路工程危大工程范围

1）基坑开挖、支护、降水工程

（1）开挖深度 3m 及以上的基坑（槽）的土（石）方开挖、支护、降水工程。

（2）深度 3m 以下但地质条件和周边环境复杂的基坑（槽）开挖、支护、降水工程。

2）滑坡处理和填、挖方路基工程

（1）滑坡处理。

（2）边坡高度 20m 以上的路堤或地面斜坡坡率陡于 1:2.5 的路堤，或不良地质地段、特殊岩土地段的路堤。

（3）土质挖方边坡高度 20m 以上、岩质挖方边坡高度 30m 以上，或不良地质、特殊岩土地段的挖方边坡。

3）基础工程

（1）桩基础。

（2）挡土墙基础。

（3）沉井等深水基础。

4)大型临时工程

(1)围堰工程。

(2)各类工具式模板工程。

(3)支架高度 5m 及以上,跨度 10m 及以上,施工总荷载 $10kN/m^2$ 及以上,集中线荷载 15kN/m 及以上。

(4)用于钢结构安装等满堂承重支撑体系。

(5)搭设高度 24m 及以上的落地式钢管脚手架工程,附着式升降脚手架工程,悬挑式脚手架工程,高处作业吊篮,自制卸料平台、移动操作平台工程,新型及异型脚手架工程。

(6)挂篮。

(7)便桥、临时码头。

(8)水上作业平台。

5)桥涵工程

(1)桥梁工程中的梁、拱、柱等构件施工。

(2)打桩船、半浅驳等施工船作业。

(3)边通航边施工作业。

(4)水下工程中的水下焊接、混凝土浇筑等。

(5)顶进工程。

(6)上跨或下穿既有线、管线和建(构)筑物施工。

6)隧道工程

(1)不良地质洞段。

(2)特殊地质洞段。

(3)浅埋、偏压及邻近建筑物等特殊环境条件隧道。

(4)Ⅳ级及以上软弱围岩地段的大跨度隧道。

(5)小净距洞段。

(6)瓦斯洞段。

(7)水下隧道。

(8)隧道穿越既有线、重要管线和建(构)筑物的。

(9)采用矿山法、盾构法、顶管法、桩基托换、冷冻法、帷幕注浆等工法施工的。

7)起重吊装工程

(1)采用非常规起重设备、方法，且单件起吊重量在 10kN 及以上的起重吊装工程。

(2)采用起重机械进行安装的工程。

(3)起重机械设备自身的安装、运架、拆卸。

8)拆除、爆破工程

(1)桥梁、隧道拆除工程。

(2)爆破工程。

9)其他

(1)钢结构、网架和索膜结构安装工程。

(2)其他有必要编制专项施工方案的工程。

2. 公路工程超危大工程范围

1)基坑开挖、支护、降水工程

(1)深度 5m 及以上的基坑(槽)的土(石)方开挖、支护、降水工程。

(2)工开挖深度虽在 5m 以下，但地质条件、周围环境和地下管线复杂，或影响毗邻建(构)筑物安全，或存在有毒有害气体分布的基坑(槽)的开挖、支护、降水工程。

2)滑坡处理和填、挖方路基工程

(1)中型及以上滑坡体处理。

(2)边坡高度 20m 以上的路堤或地面斜坡坡率陡于 1:2.5 的路堤，且处于不良地质地段、特殊岩土地段的路堤。

(3)土质挖方边坡高度 20m 以上、岩质挖方边坡高度 30m 以上且处于不良地质、特殊岩土地段的挖方边坡。

3）基础工程

（1）受地形限制需采取人工挖孔桩时,开挖深度15m及以上的人工挖孔桩或开挖深度不超过15m,但地质条件复杂的人工挖孔桩工程。

（2）平均高度6m及以上且面积1200m²及以上的砌体挡土墙的基础工程。

（3）水深20m及以上的各类深水基础工程。

4）大型临时工程

（1）水深10m及以上的围堰工程。

（2）高度40m及以上墩柱,高度100m及以上索塔的滑模、爬模、翻模工程。

（3）支架高度8m及以上;跨度18m及以上;施工总荷载15kN/m²及以上;集中线荷载20kN/m及以上。

（4）用于钢结构安装等满堂承重支撑体系,承受单点集中荷载7kN及以上。

（5）50m及以上落地式钢管脚手架工程。

（6）提升高度在150m及以上的附着式升降脚手架工程或附着式升降操作平台工程。

（7）分段架体搭设高度在20m及以上的悬挑式脚手架工程。

（8）猫道、移动模架。

（9）栈桥、码头、平台。

5）桥涵工程

（1）长度40m及以上梁的制造与运输、拼装与吊装。

（2）跨径150m及以上的钢管拱安装施工。

（3）高度40m及以上的墩柱、高度100m及以上的索塔等的施工。

（4）跨径超过200m或最大块重超过250t的悬浇、悬拼施工工程。

（5）离岸无掩护条件下的桩基施工。

(6)开敞式水域大型预制构件的运输与吊装作业。

(7)在三级及以上通航等级的内河航道上进行的水上水下施工。

(8)转体、顶推、箱涵顶进施工。

(9)斜拉桥、悬索桥塔、索施工工程及悬索桥的锚定施工工程。

(10)跨高速公路、一级公路、铁路的跨线桥梁工程。

6)隧道工程

(1)隧道穿越岩溶发育区、富水带、高风险断层、沙层、采空区、岩爆区等工程地质或水文地质条件复杂的地质环境,V级围岩连续长度占总隧道长度10%以上且连续长度超过100m Ⅵ级围岩的隧道工程。

(2)软岩地区的高地应力区、膨胀岩、黄土、冻土等地段。

(3)埋深小于1倍跨度的浅埋地段,可能产生坍塌或滑坡的偏压地段,隧道上部存在需要保护的建(构)筑物地段,隧道下穿水库或河沟地段。

(4)Ⅳ级及以上软弱围岩地段跨度在18m及以上的特大跨度隧道。

(5)连拱隧道,中夹岩柱小于1倍隧道开挖跨度的小净距隧道,长度大于100m的偏压棚洞。

(6)瓦斯洞段。

(7)水下隧道。

(8)采用矿山法、盾构法、顶管法、桩基托换、冷冻法、帷幕注浆等工法施工的。

(9)竖井、斜井、通风井等辅助坑道施工。

7)起重吊装工程

(1)采用非常规起重设备、方法,且单件起吊重量在100kN及以上的起重吊装工程,2台及以上轮式或履带式起重机起吊同一吊物的起重吊装工程。

(2)起重量在300kN及以上、搭设总高度在200m及以上、搭设基础高程在200m及以上的起重设备安装、运架、拆卸工程。

8)拆除、爆破、维修工程

(1)大桥及以上桥梁拆除工程。

(2)一级及以上公路隧道拆除工程。

(3)C级及以上爆破工程、水下爆破工程。

(4)火工品临时储存库达到临界量。

(5)桥梁换索、换墩等工程。

(6)重要建筑物、构筑物影响范围内的拆除工程。

9)其他

(1)跨度36m及以上的钢结构安装工程,或跨度60m及以上的网架和索膜结构安装工程。

(2)采用新技术、新工艺、新材料、新设备及尚无相关技术标准的危险性较大工程。

(3)其他有必要开展专家论证的工程。

3.水运工程危大工程范围

1)基坑开挖、支护、降水工程

(1)开挖深度3m及以上的基坑(槽)开挖、支护、降水工程。

(2)深度3m以下但地质条件和周边环境复杂的基坑(槽)开挖、支护、降水工程。

2)基础工程

(1)桩基础。

(2)挡土墙基础。

(3)沉井等深水基础。

3)大型临时工程

(1)围堰工程。

(2)各类工具式模板工程。

(3)支架高度5m及以上,跨度10m及以上,施工总荷载10kN/m^2及以上,集中线荷载 15kN/m 及以上。

(4)用于钢结构安装等满堂承重支撑体系。

(5)搭设高度 24m 及以上的落地式钢管脚手架工程,附着式升降脚手架工程,悬挑式脚手架工程,高处作业吊篮,自制卸料平台、移动操作平台工程,新型及异型脚手架工程。

(6)便桥、临时码头。

(7)水上作业平台。

(8)陆地机械设备上船进行施工。

4)疏浚、吹填工程

(1)开挖深度 5m 及以上的岸坡开挖工程。

(2)围堰吹填及吹填造陆工程。

5)码头工程

(1)无掩护条件水上作业工程。

(2)预制预应力构件工程。

(3)水下基床爆破夯实。

(4)水上、水下混凝土构件安装工程。

(5)钢引桥安装工程。

(6)码头拆除工程。

6)防波堤及护岸工程

(1)内河深水超过 2m 的作业工程。

(2)水深超过 10m 且海况恶劣的抛石工程。

(3)爆破挤淤工程。

7)船闸工程

总水头 5m 及以上闸阀门安装工程。

8)起重吊装工程

(1)无掩护水域吊装工程。

(2)陆上采用非常规起重设备、方法,且单件起吊重量在 10kN 及以上的起重吊装工程。

（3）水上吊装 1000kN 及以上的吊装工程。

（4）水上吊装跨距 30m 及以上，且重量 500kN 及以上的吊装工程。

（5）采用起重机械进行安装的工程。

（6）起重机械设备自身的安装、运架、拆卸。

9）其他

（1）爆破工程。

（2）打桩船、铺排船、半浅驳等施工船作业。

（3）边通航边施工作业。

（4）潜水作业工程。

（5）水下焊接、切割工程。

（6）水下混凝土浇筑工程。

（7）水上构件出运及安装工程。

（8）毗邻燃气、石油、电力、通信等地下管线的水上施工工程。

（9）其他有必要编制专项施工方案的工程。

4. 水运工程超危大工程范围

1）基坑开挖、支护、降水工程

（1）深度 5m 及以上的基坑（槽）的土（石）方开挖、支护、降水工程。

（2）开挖深度虽在 5m 以下，但地质条件、周围环境和地下管线复杂，或影响毗邻建（构）筑物安全，或存在有毒有害气体分布的基坑（槽）的开挖、支护、降水工程。

2）基础工程

（1）开挖深度 15m 及以上的人工挖孔桩或开挖深度不超过 15m，但地质条件复杂的人工挖孔桩工程。

（2）打入桩桩长超过 50m，钻孔桩桩长超过 100m，桩径大于 3.5m 的桩基础工程。

(3) 平均高度 6m 及以上且面积 1200m² 及以上的砌体挡土墙的基础工程。

(4) 水深 20m 及以上的各类深水基础工程。

(5) 离岸无掩护条件下的桩基施工。

3) 大型临时工程

(1) 水深 10m 及以上的围堰工程。

(2) 支架高度 8m 及以上,跨度 18m 及以上,施工总荷载 15kN/m² 及以上,集中线荷载 20kN/m 及以上。

(3) 用于钢结构安装等满堂承重支撑体系,承受单点集中荷载 7kN 及以上。

(4) 50m 及以上落地式钢管脚手架工程。

(5) 提升高度在 150m 及以上的附着式升降脚手架工程或附着式升降操作平台工程。

(6) 分段架体搭设高度 20m 及以上的悬挑式脚手架工程。

4) 疏浚、吹填工程

(1) 开挖深度 20m 及以上的岸坡开挖工程。

(2) 围堰高度超过 5m 的吹填工程。

(3) 内河疏浚与吹填工程大于或等于 100 万 m³,沿海疏浚与吹填工程大于或等于 500 万 m³ 的远海疏浚与吹填作业。

5) 码头工程

(1) 水上、水下 5000kN 及以上混凝土构件安装工程。

(2) 跨径 30m 及以上钢引桥安装工程。

6) 防波堤及护岸工程

水深超过 20m 且海况恶劣的抛石工程。

7) 船闸工程

总水头 20m 及以上大型闸阀门安装工程。

8)起重吊装工程

(1)采用非常规起重设备、方法,且单件起吊重量在 100kN 及以上的起重吊装工程,2 台及以上轮式或履带式起重机起吊同一吊物的起重吊装工程。

(2)水上吊装 5000kN 及以上的吊装工程。

(3)水上吊装跨距 50m 及以上,且重量 500kN 及以上的吊装工程。

(4)水上结构高度 30m 以上吊装作业工程。

(5)起重量 300kN 及以上,搭设总高度 200m 及以上,搭设基础高程在 200m 及以上的起重设备安装、运架、拆卸工程。

(6)临水起重设备的安装、拆卸工程。

9)其他

(1)C 级及以上爆破工程、水下爆破工程。

(2)在三级及以上通航等级的航道上进行的水上水下施工。

(3)水深 30m 以上潜水作业。

(4)无掩护水域大型预制构件的出运及安装作业。

(5)采用新技术、新工艺、新材料、新设备及尚无相关技术标准的危险性较大的工程。

(6)其他有必要开展专家论证的工程。

注:本附录摘自《公路水运危险性较大工程专项施工方案编制审查规程》(JT/T 1495—2024)

参 考 文 献

[1] 中国安全生产科学研究院.安全生产管理(2022 中级版)[M].北京:应急管理出版社,2022.

[2] 何光,卞国炎,等.安徽省公路水运重点工程项目安全生产管理指南[M].2 版.北京:人民交通出版社,2013.

[3] 马鞍山长江公路大桥施工安全控制与管理成套技术研究课题组.马鞍山长江公路大桥施工安全风险源辨识与管理[M].北京:人民交通出版社,2014.

[4] 马鞍山长江公路大桥施工安全控制与管理成套技术研究课题组.马鞍山长江公路大桥施工特定状态安全风险评估及监测技术[M].北京:人民交通出版社,2014.

[5] 萨缪尔 C,塞尔托 S T.现代管理学:概念与技能[M].冷元红,苏静,郑新德,译.11 版.北京:清华大学出版社,2010.

[6] 黄成光,于郭荣.公路隧道施工[M].北京:人民交通出版社,2001.

[7] 吴忠广,吴顺川.深埋隧道硬岩灾变风险评估理论与方法[M].北京:人民交通出版社股份有限公司.2022.

[8] 交通运输部工程质量监督局.本质安全优秀论文集[M].北京:人民交通出版社,2012.

[9] 国家安全生产监督管理局.企业职工伤亡事故分类:GB 6441—1986[S].北京:中国标准出版社,1986.

[10] 国家安全生产监督管理局.企业职工伤亡事故经济损失统计标准:GB 6721—1986[S].北京:中国标准出版社,2004.

[11] 全国信息分类与编码标准化技术委员会.生产过程危险和有害因素分类与代码:GB/T 13861—2022[S].北京:中国标准出版社,2022.

［12］ 全国安全生产标准化技术委员会.生产经营单位生产安全事故应急预案编制导则:GB/T 29639—2020［S］.北京:中国标准出版社,2020.

［13］ 国家安全生产监督管理总局.爆破安全规程:GB 6722—2014［S］.北京:中国标准出版社,2015.

［14］ 交通运输部安全与质量监督管理司.公路水运危险性较大工程专项施工方案编制审查规程:JT/T 1495—2024［S］.北京:人民交通出版社,2024.

［15］ 皮尔 R W.态度决定一切［M］.随易,译.福州:海峡文艺出版社,2003.

［16］ 马尔茨 M.心理控制术［M］.洪友,译.北京:群言出版社,2007.

［17］ 马克思 K.资本论:第 1 卷［M］.中共中央马克斯恩格斯列宁斯大林著作编译局,编译.北京:人民出版社,2018.